恋上咖啡

丁蓝 著

咖啡爱好者的完全实战手册
品味咖啡与美食的终极指南

黑龙江科学技术出版社

图书在版编目（CIP）数据

恋上咖啡 / 丁蓝著. -- 哈尔滨：黑龙江科学技术出版社，2014.6
ISBN 978-7-5388-7836-3

Ⅰ.①恋… Ⅱ.①丁… Ⅲ.①咖啡—基本知识 Ⅳ.①TS273

中国版本图书馆CIP数据核字（2014）第116750号

恋上咖啡
LIANSHANG KAFEI

作　　者	丁　蓝
责任编辑	闫海波　王　研
封面设计	游　麒
出　　版	黑龙江科学技术出版社
	地址：哈尔滨市南岗区建设街41号　邮编：150001
	电话：(0451)53642106　传真：(0451)53642143
	网址：www.lkcbs.cn　www.lkpub.cn
发　　行	全国新华书店
印　　刷	北京彩虹伟业印刷有限公司
开　　本	710 mm×1000 mm　1/16
印　　张	13
字　　数	180千字
版　　次	2014年7月第1版　2014年9月第2次印刷
书　　号	ISBN 978-7-5388-7836-3/TS·531
定　　价	38.00元

【版权所有，请勿翻印、转载】

前言
PREFACE

村上春树说:"有时,所谓人生,不过是一杯咖啡所萦绕的温暖。"如果说红酒给人以惊艳的感觉,咖啡则给人一份久违的温暖。无论是明媚的清晨,悠闲的午间,还是寂静的夜晚,细细品尝一杯香醇的咖啡,都会是一种无比美妙的享受,会为我们的生活增添无限的情趣,同时也让我们的身心得到更好的放松。

咖啡属茜草科植物,喜热,全世界大概有40余种。咖啡树开白花,浆果,果实为卵圆形,内含两枚似豆的种子,名曰咖啡豆。将摘下的咖啡豆晒干,焙炒后,研磨成粉末,即成咖啡粉。咖啡有健胃、兴奋之功效,加水煮沸,辅以食糖,醇香扑鼻,与可可、茶叶并称为"世界三大饮料"。

"世界三大饮料之一"的美誉,咖啡是当之无愧的。

"不在家,就在咖啡馆;不在咖啡馆,就在去咖啡馆的路上。"浪漫的法

国人嗜饮咖啡,19世纪的艺术家们就常常一边在咖啡馆进行创作,一边与志同道合之士漫谈,探索艺术风格、主题、技巧和新方法。而不同的咖啡馆可以形成不同的文化圈子,产生不同的艺术流派。直到今天,巴黎仍有不少咖啡馆洋溢着浓厚的文化气息。

在中东古国土耳其,咖啡宛如《一千零一夜》里的传奇神话,像蒙了面纱的"千面女郎",既可以帮助亲近神,又是冲洗忧伤的清泉。而且,很多人都认为咖啡的故乡就在遥远神秘的中东山上。

在中国,咖啡也逐渐与我们的生活紧密相连,越来越多的人喜欢喝咖啡,随之而来的"咖啡文化"充满生活的每个时刻。这不是附庸风雅,不是盲目崇拜,而是由于咖啡本身的魅力,那褐色的液体、馥郁的香气,着实令人沉醉和迷恋。

每一杯咖啡里都存在一些动人的记忆——关于朋友,关于爱过的人,关于过往的点点滴滴,细细品味,便会在心里泛起酸楚和温暖的味道。那是一个被咖啡渲染了的丰富的情感世界,因此有人说:"咖啡可以让我一下子从喧嚷的环境中安静下来,从凌乱的思绪中抽离出来。"

一杯咖啡,不乏苦涩却香醇至极,像极了生活本身。与咖啡相遇,是美丽,是幸运!本书将为读者讲述咖啡的起源、文化、烘焙、冲煮、制作等多方面的知识,以期读者对咖啡有更深层次的了解,更好地去享受咖啡带给我们的快乐。

目录
CONTENTS

第一章 与咖啡的美丽相遇

咖啡的起源和传播 …………………………… 002
咖啡的生产地带 ……………………………… 006
咖啡的品鉴 …………………………………… 008
咖啡的风味 …………………………………… 011
喝咖啡的礼仪 ………………………………… 013
各国的咖啡文化 ……………………………… 014
咖啡与名人的不解之缘 ……………………… 025
一个关于咖啡的爱情故事 …………………… 026

第二章　咖啡充满魅力的生命旅程

种植咖啡的自然条件 …………………………… 030

咖啡树的生长 …………………………………… 031

咖啡豆的成熟期和采摘 ………………………… 034

咖啡豆烘焙前的处理 …………………………… 035

咖啡豆的分类方法 ……………………………… 037

咖啡豆的储存 …………………………………… 040

咖啡豆的烘焙 …………………………………… 041

自行烘焙咖啡豆 ………………………………… 044

咖啡豆的研磨 …………………………………… 047

美味咖啡的萃取 ………………………………… 056

低因咖啡 ………………………………………… 072

第三章 浓情蜜意，咖啡名媛

蓝山咖啡..................................080

夏威夷科纳..................................084

巴西波旁山度士..................................089

哥伦比亚特级..................................092

埃塞俄比亚哈拉尔..................................096

肯尼亚AA..................................100

苏门答腊曼特宁..................................103

第四章 街角咖啡店，好久不见

摩卡咖啡..................................108

卡布奇诺..................................110

拿铁咖啡..................................112

欧蕾咖啡... 114

肉桂咖啡... 116

维也纳咖啡....................................... 118

柠檬咖啡... 120

皇家咖啡... 122

黑咖啡... 124

爱尔兰咖啡....................................... 126

彩虹豆咖啡....................................... 128

康宝蓝咖啡....................................... 130

冰咖啡... 132

玛琪雅朵咖啡..................................... 134

贝里诗咖啡....................................... 136

彩虹咖啡... 138

榛果香草咖啡..................................... 140

第五章　玩转花式咖啡

心心相印：执子之手，与子偕老 …………… 144
心形：满满的全是爱 …………… 146
漩涡：一往情深，难以自拔 …………… 148
卡通猫：温柔可爱 …………… 150
雪人：追忆童年时光 …………… 152
卡通熊：闲适心情 …………… 154
Love图案：爱的深情诉说 …………… 156
树叶图案：记忆中的你 …………… 158
旋律：轻舞飞扬 …………… 160
情缘：最美的年华遇见你，相知相许 …………… 162
梦想：五彩斑斓，闪烁心中 …………… 164
怀念：失去也是一种获得 …………… 166

第六章 诱人的咖啡甜点

栗子泥.. 170

杏仁小饼干.. 172

杏仁蛋糕.. 174

苹果派.. 176

雪山蛋糕.. 178

坚果蛋糕.. 180

杏仁塔糕.. 182

橙味核桃蛋糕.. 184

花生奶油小面包.. 186

威尼斯黑蛋糕.. 188

附录1 咖啡相关知识问答 / 190

附录2 咖啡常见的口味特征 / 197

第一章
与咖啡的美丽相遇

午后闲暇美妙的时光里,阳光肆意流淌,悠扬的音乐不绝于耳,缕缕的书香润泽心灵,一杯咖啡总是必不可少的;与旧友久别重逢,咖啡馆里忆及往事、促膝长谈,亦是显得那么美好和难得……

咖啡的起源和传播

咖啡与茶、可可并称为当今世界的三大无酒精饮料，浪漫浓郁的咖啡，刺激兴奋的可可，自然清新的茶香，不同文化背景的国家在饮品选择方面有着各具特色的偏好。饮用咖啡在欧美国家十分普遍和流行，在中国以及其他东方国家亦越来越受到人们的欢迎和追捧。

目前，世界公认的咖啡树和咖啡食用的起源地在非洲，但具体在哪个地区却说法不一，多数人认为在东非的文明古国埃塞俄比亚。

事情还得从公元5世纪的传说讲起，那时，有一个叫卡狄的牧童，有一天，他赶羊经过一片树林时，看到羊群都在啃食路边大型灌木丛上的红果子。卡狄无意中发现，山羊吃了红果子后异常兴奋，即使老山羊也像小山羊一样奔跑跳跃。卡狄觉得奇怪，便也摘下一些果实品尝，结果自己也变得非常兴奋，不由得手舞足蹈起来。红果子不仅可以食用，并且具有提神的作用，从此成为当地饮食文化的一部分，这红果子就是咖啡。之后，咖啡被传入阿拉伯世界，也门是首站。当时,阿拉伯人称咖啡为"qahwa",也就是美酒之意,今日的咖啡的字音源自于此。土耳其人将"qahwa"转成土耳其发音的"kahwe",威尼斯人又把"kahwe"改成意大利文的"caffee",最后英国人以"o"取代"a",变成今日所称的"coffee"。

咖啡被发现后,人们最初只是采摘野生的果子食用,后来才慢慢开始人工栽培。在食用方式上,最初是连肉带核一起嚼食,后来发展为把咖啡果泡水或煮水喝。在用途上,最初主要用于宗教活动及促进病人康复。

埃塞俄比亚红海一带的基督教、犹太教,以及后来的伊斯兰教都把咖啡当成"神饮"和"药饮",因为各种宗教的教士、修士、教徒嚼了咖啡果或喝了咖啡水后,在彻夜进行宗教法事活动时便很有精神不打瞌睡。病人们嚼了它或喝了它制成的水后也能恢复一些精神。

后来,咖啡的食用、采摘渐渐跨过非常狭窄的红海传入阿拉伯半岛。《中国大百科全书·农业卷》和《中国农业百科全书·农作物卷》上记载,公元前6世纪阿拉伯人已开始栽种并咀嚼食用咖啡。

据16世纪的一份阿拉伯文献《咖啡的来历》记载,13世纪中叶有一个叫奥玛尔(Omar)的人获罪后从也门摩卡(Mocha)被流放到欧撒巴。途中,他看到一只鸟在快活地啄食着路旁树上的红果子,便也试着摘了一些煮水喝。小果子有一种奇妙的味道,喝了后困倦、疲劳感顿时消除。奥玛尔于是把咖啡果饮用法传授给一些大病初愈的人。放逐期满返回摩卡后,奥玛尔便把咖啡果和饮用法传播开来。

咖啡在阿拉伯地区的饮用、栽培、发展还与中国明初时郑和下西洋有关。1405~1433年,郑和船队及其分队多次造访波斯湾、阿拉伯海、红海沿岸的阿拉伯各国。可以想象,中国船队人员曾多次请各国人民品茗饮茶,并把茶叶和茶具赠送或出售给他们。中国人的茶叶、茶具和饮茶嗜好给阿拉伯人以启示:原来提神的饮料也可以成为日常生活消费品。16世纪末,在许多欧洲旅行者中口头流传着阿拉伯人饮用"由黑色种子煮成的黑色糖蜜"的故事。这可以证实,当时的阿拉伯人已经知道如何烘焙并烹煮咖啡了。

咖啡在更大范围内的进一步传播与奥斯曼土耳其密不可分。几乎与西班

第一章　与咖啡的美丽相遇

牙、葡萄牙成为殖民大帝国同期，奥斯曼土耳其也膨胀为封建宗教大帝国。1517年土耳其人征服埃及，1536年占领也门，陆续地，西亚、北非、中亚、东南欧等地都处于土耳其人的统治下。其间，咖啡不仅在土耳其广袤的领地上得到广泛传播，出现了休闲聊天的咖啡馆，而且咖啡的加工制作和饮用也发生了革命性的变化。

以前阿拉伯人制作的咖啡饮料奥伊希尔（oishr）只利用了咖啡的果肉部分，而把味道更好的种子（咖啡豆）丢弃了；或者将咖啡果肉干燥后再压碎，然后与油脂混合制成球状食物食用；或者将其果皮与青豆混合，使之发酵酿酒饮用。16世纪初至上半叶土耳其人入主阿拉伯地区后，开始收集利用那些被废弃的咖啡豆，将其晒干、焙炒、磨碎，再用其煮水成汁来喝，并加糖，从此形成近代饮食咖啡的基本方式。在土耳其境内出现的首批咖啡馆便是用这种新型饮料招徕顾客的。

晚清时期咖啡传入我国，民国时在华已站稳脚跟。新中国成立后，特别是改革开放以来，咖啡饮用开始在中国流行，并逐步形成自己的咖啡文化。

通过上面的介绍，我们可以得到一条咖啡起源和传播过程的基本脉络：古代非洲埃塞俄比亚人发现了咖啡；中世纪阿拉伯人栽培了咖啡；中世纪晚期，中国人促进了咖啡从"神饮""药饮"转变为大众休闲饮料，土耳其人发明了咖啡正宗科学的饮用法。在地理大发现时代（15世纪末至17世纪末），欧洲人把咖啡传遍全世界，此后又将咖啡馆文化发展得非常繁荣。所以，亚、非、欧人民都为咖啡的发展做出了自己的贡献。

咖啡的生产地带

　　咖啡的生产地带（俗称为"咖啡带"）介于北纬25度到南纬30度，涵盖了中非、西非、中东南亚、太平洋、拉丁美洲、加勒比海地区的许多国家。咖啡的种植之所以集中在这一区域，主要是受到气温条件的影响和限制。因为咖啡树很容易受到霜害，纬度偏北或偏南皆不合适，以热带地区最为适宜，此地区的热度和湿度最为理想。这些咖啡生产地每年为世界供应910万袋咖啡，平均每袋咖啡约为60千克。其中，南美洲和中美洲的咖啡产量约占世界咖啡供应总

第一章 与咖啡的美丽相遇

量的70%;亚洲和非洲的咖啡产量约占世界咖啡供应总量的20%;咖啡种植岛(包括夏威夷和牙买加)的咖啡产量约占世界咖啡供应总量的10%。下面是世界三大咖啡主产区的简要介绍。

南美洲和中美洲

如今,巴西已经成为世界咖啡生产的领跑者,主要提供高质量的自然干燥的阿拉比卡咖啡豆。巴西也是罗伯斯特咖啡豆的第二大生产国,仅次于印度尼西亚。巴西的伊帕内玛农业公司是世界最大的咖啡豆生产公司。它拥有5 000公顷(1公顷=0.01平方千米)土地,种植有1 240万棵咖啡树。如果收成较好的话,巴西平均每年可以生产6 810吨生咖啡豆,几乎是牙买加和夏威夷每年产量总和的2倍。

位列巴西之后的几大咖啡生产国分别是哥伦比亚、委内瑞拉、秘鲁和厄瓜多尔,它们供应水洗过的阿拉比卡咖啡豆。在墨西哥、巴拿马和加勒比地区,咖啡生产对经济发展起着重要的作用。它们主要使用水洗阿拉比卡咖啡豆制作高质量的咖啡。

亚洲和非洲

印度、巴布亚新几内亚和印度尼西亚在近几年采用了现代化的咖啡种植技术,提高了水洗阿拉比卡咖啡豆、水洗和天然的罗伯斯特咖啡豆的产量,并且将它们销往世界各地。

非洲位于地球上最热区域的中心位置,主要生产罗伯斯特咖啡豆。在肯尼

亚和坦桑尼亚这些海拔较高的地区，阿拉比卡咖啡豆生长得很好，产量很高。

咖啡种植岛

"其他岛屿"是一个宽泛的咖啡贸易术语，囊括了夏威夷、牙买加、波多黎各和科隆群岛。这些地区生产的咖啡豆通常比较温和，酸度适中。这些地区的咖啡生产商不会定量向世界市场供应咖啡豆，因为他们会留下大多数咖啡豆卖给游客们，并以此来盈利。

咖啡的品鉴

你可以在纯粹的黑咖啡里，加一点点糖、奶；你也可以欧式一点，像非洲和阿拉伯地区那样在咖啡中加入肉桂等香料；如果你不习惯咖啡的苦涩味，也可以在咖啡里加一点你喜欢的果汁……不过，喝一杯原汁原味的黑咖啡，不仅能够品尝到咖啡本身浓郁的风味，还会被看作是品尝咖啡的行家里手。不论怎么喝，品尝咖啡还是有一些讲究的。

一杯咖啡端到面前，先不要急于喝，而应该像品茶或品酒那样，有个循序渐进的过程，以达到放松、提神和享受的目的。

第一章 与咖啡的美丽相遇 ◎

第一步：闻香，体会一下咖啡那扑鼻而来的浓香。

第二步：观色，咖啡最好呈现深棕色，而不是一片漆黑，深不见底。

第三步：品尝，先喝一口黑咖啡，感受一下原味咖啡的滋味。咖啡入口应该是微苦，微酸，有些甘味，不涩。然后再小口小口地品尝，不要急于将咖啡一口咽下，应暂时含在口中，让咖啡和唾液、空气稍作混合，再咽下。

咖啡的最佳饮用温度是60～85℃。因为普通咖啡的质地不太稳定，所以最好趁热品尝。为了不使咖啡的味道变淡，要事先将咖啡杯在开水中泡热。冲咖啡的适当水温在冲泡的刹那为83℃，倒入杯中时为80℃，而到入口时为61～62℃，最为理想。

一般来说，趁热品尝咖啡，是喝咖啡的基本礼节。但若是一杯品质优良的咖啡，放凉以后除香味会有所降低外，口感与热时是一致的，甚至更佳。

值得注意的是，喝咖啡不像喝酒或果汁，满杯的咖啡，看了就失去喝的兴趣。七八分满的咖啡为适量，份量适中的咖啡不仅会刺激味觉，喝完后也不会有腻的感觉，反而回味无穷。同时，适量的咖啡能促使身体恢复精神，

头脑清爽。

咖啡的味道有浓淡之分，所以，不能像喝茶或可乐一样，连续喝几杯，普通喝咖啡以80～100毫升为适量，有时候若想连续喝三四杯，就要将咖啡的浓度调淡，或加入大量的牛奶，以免造成不舒服或恶心的感觉。而在糖分的调配上也不妨多些变化，使咖啡更具美味。

另外，不适宜饮用咖啡的人群包括以下几个类别：

（1）心脏病患者：咖啡因会使心跳速度加快而造成心脏缺氧。

（2）皮肤病患者及胃病患者：应尽量少喝咖啡，才不致于因过量饮用咖啡而导致病情恶化。

（3）糖尿病患者：要避免喝加入太多糖的咖啡，以免加重病情。

（4）孕妇及哺乳妇女：对咖啡因的摄取需较为谨慎，摄入量太多，容易导致婴儿先天畸形。

（5）少年儿童：不太适合喝咖啡，因为咖啡在兴奋中枢神经同时，抑制了某些脑内腺体激素的分泌，影响生长发育。

第一章　与咖啡的美丽相遇 ◎

咖啡的风味

咖啡可以分为单品咖啡和混合咖啡。

单品咖啡,是指用原产地出产的单一咖啡豆磨制而成,饮用时一般不加奶或糖的纯正咖啡,有强烈的独有的特性,口感或清新柔和,或香醇顺滑,成本较高,价格较贵。如著名的蓝山咖啡、巴西咖啡、意大利咖啡等均是以咖啡豆出产地命名的单品咖啡。

摩卡咖啡和单烧咖啡虽然也是单品,但是它们的命名就比较特别。摩卡是也门的一个港口名,在这个港口出产的咖啡都叫摩卡,这些咖啡可能来自不同的产地,因此,来源地不同的摩卡咖啡味道也不相同。

混合咖啡调配时,除了主要的咖啡豆之外,再加入2~3种具有特性的咖啡豆调和即可。最普遍的调配法是2~3种,最多可达到6种。调得过多,反而造成原味的不平衡。

咖啡的颜色、香气、口感，是在烘焙过程中发生的一些复杂的化学变化所产生的。所以生豆必须经过适当的化学程序，让它的有效成分达到最均衡的状态，才能算得上是最好的烘焙豆。咖啡香味会随热度起变化，所以烘焙时间宜尽量缩短，而且热度宜控制在可让咖啡豆产生有效化学构成的最低温度，即以最短的时间和热度，让咖啡豆产生最适合的成分比。

咖啡中包含的苦味、酸味、甜味、香味分别与以下因素有关。

（1）苦味：来源于咖啡因，是咖啡的基本味道要素之一。

（2）酸味：来源于丹宁酸，是咖啡的基本味道要素之二。

（3）浓醇：咖啡要有浓厚、芳醇的味道。

（4）甜味：当咖啡生豆内的糖分经过烘焙过程部分焦化后，其余的部分就是甜味了。

（5）香味：咖啡生豆里的脂肪、蛋白质、糖类，是香气的重要来源。香味是咖啡的生命，也最能表现咖啡生产过程和烘焙技术，生产地的气候、品种、精制处理、收成、储藏、消费国的烘焙技术是否适当等，都是左右咖啡豆香味的条件。咖啡的香味经气相色谱法分析证明是由酸、醇、乙醛、酮、酯、硫黄化合物、苯酚、氮化合物等数百种挥发成分复合而成的。因此香味的消失就意味着咖啡的品质变差。香味和品质的关系极为密切。

喝咖啡的礼仪

与朋友喝咖啡时，有一些不成文的传统礼仪，是非常重要的。以正确的方式喝一杯好咖啡，不仅更容易欣赏到咖啡的美味，也不会辜负冲泡者的心意。

摆放：放咖啡的杯碟应当放在饮用者的正面或者右侧，杯耳应指向右方。

加料：给咖啡加糖时，砂糖可用咖啡匙舀取，直接加入杯内；方糖可先用糖夹子把方糖夹在咖啡碟的近身一侧，再用咖啡匙把方糖加在杯子里；如果是糖包，则应把糖包左或右上角轻轻撕开一个口子，把糖直接加入咖啡里。

给咖啡加奶时，如果是奶盅，则从咖啡杯的右边缓缓倒入；如果是奶油球，则把奶油球的封口纸轻轻撕开1/3，再缓缓倒入咖啡杯。

拿取：咖啡杯的正确拿法应是拇指和食指捏住杯把儿，再将杯子端起。

饮用：饮用咖啡时，可以用右手拿着咖啡的杯耳，左手轻轻托着咖啡碟，慢慢地移向嘴边轻啜。

恋上咖啡

饮用咖啡时应当把咖啡匙取出来。若是咖啡太热,可用咖啡匙在杯中轻轻搅拌使之冷却,或者等待其自然冷却后再饮用。

喝完咖啡应用餐巾轻擦嘴唇,以免破坏形象。

另外,喝咖啡时还应注意以下事项:

(1)不要拿咖啡匙舀咖啡喝,咖啡匙只是用来搅拌咖啡的。

(2)不要端着杯子说个不停,甚至端着咖啡杯四处走动。

(3)添加咖啡时,不要把咖啡杯从咖啡碟中拿起来。

(4)不要一手握咖啡杯,一手拿点心,左一口右一口地吃喝。

(5)没有获得别人允许之前,不要为别人添加咖啡。

各国的咖啡文化

咖啡是名副其实的世界饮料,它虽然只在全世界50多个国家有种植,却在地球的每一个角落飘香。清晨一杯咖啡,已经成为很多人生活中的一部分。想象一下,全世界每一秒钟都有人在阳光中醒来,每一秒钟都有一杯咖啡在不知什么地方被不知什么人握在手中,时间和空间的意义仿佛就在于保证咖啡的香气在这个蓝色星球的上空永远飘动。

第一章　与咖啡的美丽相遇 ◎

意大利的咖啡文化——热情洋溢

欧洲的咖啡文化可谓源远流长，其中又以意大利为盛，不过，这里所说的咖啡，可不是像雀巢、麦斯威尔等这些世界驰名的速溶咖啡。在他们的眼中，这些"快餐式"的粉末甚至连咖啡都算不上。

咖啡对于意大利人来说代表了一种简单而美丽的情结。意大利人对咖啡可谓情有独钟，咖啡乃是他们生活中最基本和最重要的一部分。起床后，意大利人要做的第一件事就是煮上一杯咖啡，从早到晚杯不离手。在意大利，有一句名言："男人就要像一杯好咖啡，既强劲又充满热情！"

喝意大利咖啡时，我们只需品尝一小口，就会迅速被其浓郁的口味和香气所折服，这正是意大利咖啡与其他咖啡的不同之处。香味和浓度是衡量意大利咖啡是否好喝的两个重要标准。

在意大利，你永远都不会因为嗜饮咖啡而受到责备。意大利人深深理解咖啡对生活的作用和影响，他们正是通过咖啡才品尝到了生活的乐趣。意大利人平均一天要喝上20杯（每杯50毫升的份量）咖啡，调至意大利咖啡的咖啡豆是世界上烘焙最深的一种咖啡豆，这是为了配合意大利式咖啡壶瞬间萃取咖啡的特殊功能研制的。

随便走进一间意大利家庭的厨房，总能看见一个高30厘米左右的八角形、制作精致的小咖啡壶，这就是著名的摩卡壶。制作精良的摩卡壶，能将咖啡的芬芳和浪漫情调发挥到极致，同时也是一件精美的装饰品。除了大众型的咖啡

壶，还有装饰有各种图案、设计独具匠心的摩卡壶。不过，不管是什么种类，这些摩卡壶都有一个共同点，那就是用它们冲泡出来的咖啡味道格外的香浓。

真正的意大利咖啡不但在原料、研磨工艺和咖啡用具的选择上有诸多讲究，而且冲泡咖啡在意大利更是成了一门手艺。如此复杂和精细的过程，孕育了意大利独特的咖啡文化和不胜枚举的咖啡种类，在意大利，人们常喝的咖啡由蒸馏而成，味道极浓，类似于中国"功夫茶"的浓缩咖啡，也有点缀着牛奶泡沫，芬香浓郁的卡布奇诺。此外，加入了其他许多配料，如巧克力、奶油、葡萄酒甚至威士忌的咖啡在意大利更是十分普遍。

"espresso"这个词出自意大利语"快速"，因为意大利咖啡的制作及送到消费者手里的速度都相当快，故得此名。意大利咖啡就像暖蜜似地从过滤器里缓缓滴落，深红棕色的，奶油含量达到10%～30%。意大利咖啡的酿造可以用四个m来定义：macinazione代表一种正确的混合咖啡的研磨方法；miscela是咖啡混合物；macchina是制作意大利咖啡的机器；mano代表煮咖啡的师傅的熟练技术手法。只有这四个m中的每一个要素都被精确地掌握，煮出的意大利咖啡的味道才是最棒的。

第一章　与咖啡的美丽相遇 ◎

　　在制作咖啡的众多方法之中，或许只有意大利咖啡才可以表达真正的咖啡爱好者的最高要求。这种制作体系是化学和物理学上的一个小奇迹，它让咖啡在最大限度上保留了原有的味道和浓度。用这样的方法来煮咖啡，不仅能让咖啡释放出其中的可溶解物质，而且能分解其他不可溶物质，这些物质能增强咖啡的品质和香味。

　　意大利有各式各样、风格迥异的咖啡馆，它们共同的特点就是都十分热闹，总是聚满了当地人和游客，你会惊讶地发现人们仿佛有太多的闲暇时间泡在咖啡馆里。事实上，意大利的咖啡馆和酒吧使用同样的名称，如果你见到挂着"Bar"招牌的地方，大可以走进去享用一杯咖啡。

　　走进咖啡馆，通常都会有人大声地向你打招呼。你会发现，咖啡馆里的人们就像一个小小的社团，堆在一起的咖啡杯和盛满了意大利面的盘子也是这个社团的一部分。在这里的人们自得其乐，忙里偷闲地说笑，高谈阔论或是看看报纸……

　　意大利的酒吧是一个每一秒钟都充满无限活力的地方。招待嗓门很大，几乎是在喊叫，收银机噼里啪啦响个不停，本地人和游客大声地谈天说地，其中掺杂着意大利人特有的夸张的肢体语言。但是无论谈得多么开怀，人们都不会忘记时不时地从杯中啜上一口浓缩咖啡或是卡布奇诺。

　　如果你是一位初到意大利的游客，可能会向侍者提出买一杯咖啡带走的小小要求，这在别的地方并不是什么特别难办的事情，但是在意大利，侍者是不会允许你这么做的，他们会摆出一张迷人的笑脸，然后劝说你留在咖啡馆里喝完再走。其实，在意大利的酒吧喝一杯咖啡最多用不了5分钟时间，但是你能

体会到的却是几个世纪的文化沉淀。

土耳其的咖啡文化——摄人心魄

要说咖啡,不能不提土耳其咖啡,这是因为说起咖啡的起源,很多人都认为它的故乡是在遥远神秘的中东山上。

土耳其咖啡,又称阿拉伯咖啡,是欧洲咖啡的始祖,已有七八百年的历史。咖啡在十六世纪传入土耳其,并开始商业化。由于横跨欧亚的地理位置,土耳其迅速地将咖啡广泛传播到欧洲大陆。

传统土耳其咖啡的做法是使用烘焙热炒浓黑的咖啡豆磨成细粉,连糖和

冷水一起放入红铜质地像一个深勺一样的咖啡煮具里,以小火慢煮,经反复搅拌和加水过程,大约20分钟后,一小杯50毫升又香又浓的咖啡才算大功告成。由于当地人喝咖啡是不过滤的,这一杯浓稠似高汤的咖啡倒在杯子里,不但表面上有黏黏的泡沫,杯底还有残渣。在中东,受邀到别人家里喝咖啡,代表了主人最诚挚的敬意,因此客人除了要称赞咖啡的香醇外,还要切记即使喝得满嘴渣,也不能喝水,因为那暗示了咖啡不好喝。阿拉伯人喝咖啡,喝得慢条斯理,他们甚至还有一套讲究的"咖啡道",就如同中国茶道一样,喝咖啡时不但要焚香,还要撒香料、闻香,琳琅满目的咖啡壶具,更充满着天方夜谭式的风情。一杯加了丁香、豆蔻、肉桂的中东咖啡,热饮时满室飘香,难怪阿拉伯人称赞它:麝香一般摄人心魂。

土耳其咖啡是一种采用原始煮法的咖啡,在土耳其、希腊及巴尔干诸国,这

些曾受奥斯曼土耳其帝国统治的国家,仍流行饮用土耳其咖啡。但是由于历史的纠葛,希腊人一听到土耳其咖啡便会一脸不悦,因此,在希腊最好能入境随俗地改称希腊咖啡。有许多土耳其人,尤其是女性,喜欢用土耳其咖啡所残留的咖啡渣,来占卜推算当日运势,这样使我们在喝咖啡之余,更增添几许异国情调的神秘。在希腊或是土耳其,经常能在咖啡店中看到一些专门为人答疑解惑的咖啡占卜师。以咖啡渣占卜的效果究竟如何不得而知,但可确定的是,咖啡渣具有相当的医疗效果,对除臭、杀菌、防腐的效果亦相当好,所以可以将咖啡渣放置于墙角下或冰箱内来消除异味、防虫蚁。

法国的咖啡文化——浪漫雅典

"不在家,就在咖啡馆;不在咖啡馆,就在去咖啡馆的路上。"这是一句流传甚广的咖啡广告用语,其实用它来形容法国人的咖啡情结也是最形象不过的。法国人嗜饮咖啡是非常著名的,1991年,"海湾战争"爆发,法国也是参战国之一,国内部分老百姓担心战争影响日用品供应,纷纷跑到超级市场抢购。此事惊动了电视台,当镜头对着满抱"紧缺物资"的顾客时,却发现他们拿得最多的竟是咖啡和糖。此事一度成为当时的笑话。

一杯咖啡配上一个下午的阳光和时间,就是典型的法式咖啡,重要的不是

味道,而是那种散漫的态度和作派。大多数的法国人都不愿闭门"独酌",偏偏要在外面凑热闹,即使一小杯的价钱足够在家里煮上一壶,他们也在所不惜。法国人喝咖啡的习惯是慢慢地品,细细地尝,读书看报,高谈阔论,一喝就是大半天。自觉不自觉地表达着一种优雅的韵味,一种浪漫情调,一种享受生活的写意感。正因为如此,法国让人歇脚喝咖啡的地方可以说遍布大街小巷,马路旁、广场边、河岸上、游船上,甚至埃菲尔铁塔上。而形式、风格、大小则不拘一格,有咖啡店、馆、厅、室。这些都依附着建筑物而存在,有屋顶盖着。而最大众化也最具浪漫情调的,还是那些露天的咖啡座,那几乎是法国人生活的写照。很多露天咖啡座都占据不少公众地方,如广场圈了一角,街头占点人行道,甚至在熙来攘往的香谢丽舍大道也是如此,那花花绿绿的遮阳伞成了点缀巴黎的独特街景。

除了那些露天咖啡座外,在法国千千万万的咖啡馆中,不乏气派堂皇或古朴典雅者。尤其在巴黎,一些咖啡馆本身就是颇富历史传奇的名胜。在中世纪

第一章 与咖啡的美丽相遇 ◎

旧王朝时代,法国文化生活的重心是在宫廷。而到了18世纪的启蒙时代,文化重心开始转移到各种沙龙、俱乐部和咖啡馆。像拉丁区的普洛可甫咖啡馆,就与两百多年前影响整个世界的法国大革命联系在一起。18世纪欧洲启蒙运动的思想家伏尔泰、卢梭、狄德罗,以及大革命三雄罗伯斯庇尔、丹东和马拉等,都是这里的常客。当年,伏尔泰的几部著作、狄德罗的世界首部百科全书等都曾在这里撰写,还有大革命时颇具象征意义的红白蓝三色帽也在这里第一次出现。革命爆发的前几年,这里一直是热血沸腾、孕育风暴之地。据说发迹前的拿破仑也曾来此,还因喝咖啡欠账留下了军帽。后来,这里又是一流作家、演员、绅士淑女们聚会漫谈的社交场所,其中就有大名鼎鼎的雨果、巴尔扎克、乔治·桑、左拉等,以至后来还以这咖啡馆的名字创立了文学刊物《普洛可甫》。因此,现在馆内保存下来的传统装饰、古董摆设以及各种文物特别丰富,馆内的格局与景物似乎都没有因时代的变迁而"焕然一新",顾客仍旧是喜欢它的古典风格。

几乎没有哪个法国艺术家不和咖啡馆发生关系,作家如此,音乐家、画家也如此。19世纪的印象派画家们就常在咖啡馆流连,一方面给人画人像维生,另一方面在这里与志同道合之士漫谈,探索艺术风格、主题、技巧和新方法。而不同的咖啡馆可以形成不同的文化圈子,产生不同的艺术流派。作曲家夏布里埃曾经每晚都与诗人魏尔兰、画家莫奈一起泡咖啡馆,艺术思想互相影响,作品自然与潮流相

021

恋上咖啡

呼应，反映出19世纪末巴黎的精神面貌。而画家凡·高曾住在法国一家咖啡馆的阁楼，他的画作就有一幅叫作《夜晚的咖啡馆》。他对那家咖啡馆很有感情，生前曾在信中写道："我希望将来有一天在这咖啡馆举办一次我的个人画展。"直到今天，巴黎仍有不少咖啡馆洋溢着浓厚的文化气息。

　　位于蒙马特的学院咖啡馆，是19世纪巴黎大学时代的标志。这周围长期聚居着来自四面八方的艺术家，他们以咖啡馆为中心，共同构筑了辉煌的巴黎大学时代。在圣日曼教堂对面，也有一家19世纪风格的德·马格咖啡馆，但其声名鹊起是在本世纪20年代。一批超现实主义作家、画家长期在这里雄论滔滔，燃烧艺术思想的烈焰，终于又开创了一个以这家咖啡馆命名的"德·马格文学奖"，并一直延续到今天。据说过去海明威就常到这里饮咖啡以捕捉创作灵感。不过，别的地方卖4到6法郎一杯的咖啡，在这儿能卖到22法郎，这文学艺术的创作也真是有价了。有趣的是在隔壁的德·弗洛（DeFlore）咖啡馆，也是一个著名的学术园地，在战后以较多哲学家的光临而兴盛。当时萨特、西蒙·波娃等人常坐固定的座位，现在那里还特地标着铜牌。由于这两家咖啡馆的门槛总有文化精英进出，使得这一带渐渐书店林立，文学咖啡店、餐厅越开越多，后来还成为法国美文学的诞生地。

可见，法国咖啡文化源远流长，绝非吃喝消遣般简单。本世纪以来，咖啡馆已成了社会活动中心，成了知识分子辩论问题的俱乐部，乃至成了法国社会和文化的一种典型的标志。

美国的咖啡文化——百无禁忌

如同中国人的茶，德国人的啤酒，法国人的葡萄酒，咖啡对于大多数美国人来说，不仅是每天饮食的必需，而且还是美国文化的精髓。超过一半的美国成年人每天都要喝咖啡，美国人每年在咖啡上的花费将近180亿美

元，所以咖啡成为了世界上仅次于石油的最有价值的商品之一。

1773年12月16日，因为北美殖民者不满英国的《茶叶法案》，将45吨茶叶倒入波士顿港口。这就是美国独立运动的导火索——波士顿茶叶事件。同时，美国人开始从品茶过渡到喝咖啡了。咖啡也从此成了美国人的文化象征，跟自由、独立和民主联系在了一起。

长久以来，美国人都是以滴滤式咖啡机或平底形过滤器来烹调咖啡。用这种方式制作的咖啡较清淡，但加上奶精、鲜奶和糖的调合，就变成一种极可口的饮料，使几乎所有的美国人都习惯于这种口味。许多美国人早上起床可以不吃早点，但绝不能不喝杯咖啡提神。

美国人的生活能够随意自在，由喝咖啡就可以看出来。在购物中心里，常见到美国人人手一杯用纸杯盛装的咖啡，随意落座或边走边喝。这是在欧洲绝

对见不到的,欧洲人喝咖啡一定用瓷杯盛装,多数是悠闲地坐着喝,少数站在吧台边喝,但绝没有人端着杯子边逛边喝。

美国是一个由多国移民组成的国家,虽然绝大多数美国人两百多年来已习惯了喝淡淡的咖啡,但在旧金山中国城旁的北意大利人区,则一直维持着意大利人喝意式浓缩咖啡、卡布奇诺的习惯,至今也未改变。

有时候,旧金山看上去就像是欧洲的翻版,因为这里有太多的咖啡屋。旧金山人对咖啡的钟爱近乎于疯狂,他们至少有40种点咖啡的方法,250余种咖啡的配方值得品鉴。旧金山人习惯于把咖啡屋当作社区的中心,在那里交朋友、听诗歌、阅读书刊。

旧金山有3种特色咖啡,它们分别是:意式浓缩咖啡(纯的黑咖啡)、卡布奇诺(黑咖啡加喷沫牛奶)和拿铁(热牛奶加黑咖啡)。另外,柠檬汁、香草等也很受旧金山人的喜爱,它们是喝咖啡时不错的调料。

中国——时尚现代

在中国,咖啡逐渐与时尚、现代生活联系在一起,越来越多的人喜欢喝咖啡,随之而来的"咖啡文化"充满生活的每个时刻。无论在家里、办公室还是其他各种社交场合,人们都喜欢品饮一杯咖啡。遍布各地的咖啡屋、咖啡馆也逐渐成为人们聊天、听音乐、放松休息的好地方。

无论是新鲜研磨的咖啡豆,还是刚刚冲好的热咖啡,都散发着馥郁的香气,令人沉醉。各种咖啡如意大利浓缩咖啡(espresso)、卡布奇诺咖啡(cappuccino)、拿铁(latte)、风味咖啡为北京、上海等中国大城市经常光顾咖啡馆的人们提供了各种选择。

不仅如此,现在的中国人也逐渐喜欢自己在家里煮咖啡了,用烘焙过的咖啡豆和渗滤壶、滤纸做一杯新鲜的咖啡,也别有一番滋味。

咖啡与名人的不解之缘

一位哲人曾经说过："熬制得最理想的咖啡，应当黑得像魔鬼，烫得像地狱，纯洁得像天使，甜蜜得像爱情。"咖啡有兴奋、健胃等功能，许多名人与它结下了不解之缘。

伟大的德国作曲家巴赫，不仅本人爱喝咖啡，而且也常劝别人喝。但令人不可思议的是，他却编写了一部独幕音乐喜剧《咖啡大合唱》，讲述一个年迈父亲，劝说自己女儿戒除饮咖啡习惯的故事。

伟大的法国作家巴尔扎克，每天都饮用大量咖啡。他认为咖啡有助于灵感的发挥。他通常在下午6点睡觉，睡到深夜12点，然后起床，一连写作12个小时，在写作过程中，一直不停地喝咖啡，他说："一旦咖啡进入肠胃，全身就开始沸腾起来，思维就摆好阵势，仿佛一支伟大军队的连队，在战场上投入了战斗。"

法国杰出军事家拿破仑，一生喜爱喝咖啡，他形容喝咖啡的感受是："相当数量的浓咖啡会使我兴奋，同时赋予我温暖和异乎寻常的力量。"

伟大的德国哲学家康德，

在早年时对咖啡并不太嗜好,但在晚年时,却对咖啡怀有特别强烈的依恋。

法国杰出的思想家伏尔泰,即使在晚年,也大量饮用咖啡。据说,他一天可喝咖啡达50杯之多。

法国国王路易十五,也是一个咖啡迷,并喜欢自己亲自烹制,他让花匠在花园里种植了一些咖啡树,每年可收获6磅(约合2.7千克)咖啡豆。这些咖啡豆专供自己烹用。

不过,也有些名人曾禁饮咖啡。1524年,麦加宗教法官以避免出现骚乱为由,曾下令关闭了麦加的所有咖啡馆。1570年,土耳其国王阿马拉特三世,曾将禁饮咖啡与虔诚的穆斯林禁饮酒一样看待,并下令关闭了君士坦丁堡的全部咖啡馆。此外,瑞士国王古斯塔夫三世(1746~1792年),也认为咖啡是毒品,进而严禁饮用。甚至到19世纪,瑞士国王还多次作出这样的决定。

一个关于咖啡的爱情故事

一个四分之一爱尔兰血统的台北女孩,因为听到了一个关于爱尔兰咖啡的故事,坚持煮出正统的爱尔兰咖啡,而且只在晚上十二点以后供应。于是,爱

第一章 与咖啡的美丽相遇

情，就在某个雨夜中，迎着咖啡温柔的香气，得到诞生的灵感。一间小小的咖啡馆，一盏小小的灯，一个异乡的男子，邂逅了一个女孩。从此，他对她的思念，再也分不清楚是对爱的渴望，或是对咖  啡的渴望了……这是台湾著名网络作家蔡智恒所写的一篇短篇小说《爱尔兰咖啡》的梗概，那么关于爱尔兰咖啡的爱情故事到底是怎样的呢？

相传，爱尔兰都柏林机场的一个酒保，爱上了一个美丽的空姐。也许这就是一见钟情，酒保非常喜欢空姐。他觉得她就像爱尔兰威士忌一样，浓香而醇美。可是她每次来到吧台，总是随着心情点着不同的咖啡，从未点过鸡尾酒。

可是，这位酒保最擅长的就是调制鸡尾酒，他多么希望女孩能喝一杯他亲手调制的鸡尾酒。后来他绞尽脑汁，终于想到了办法，把爱尔兰威士忌与咖啡结合，成为一种新的饮料。然后把它取名为爱尔兰咖啡，加入水单里，希望女孩能够发现。

时隔一年，女孩终于点了爱尔兰咖啡。当他第一次替她煮爱尔兰咖啡时，因为激动而流下了眼泪。因为怕被她看到，他用手指将眼泪擦去，然后偷偷用眼泪在爱尔兰咖啡杯口画了一圈。所以第一杯爱尔兰咖啡，带着思念被压抑许久后所发酵的味道。

令人惊喜的是，这个女孩非常喜欢喝爱尔兰咖啡，此后只要一停留在都柏林机场，便会点一杯爱尔兰咖啡。久而久之，他们俩变得熟识，女孩会跟他说世界各国的趣事，酒保则教她煮爱尔兰咖啡。直到有一天，她决定不再当空姐，跟他说"farewell"。

farewell，不会再见的再见。他最后一次为她煮爱尔兰咖啡时，就问她：Want some tear drops？（想在咖啡里加一些眼泪吗？）因为他还是希望她能体会思念发酵的味道。

她回到旧金山的家后，有一天突然想喝爱尔兰咖啡，找遍所有咖啡馆都没有找到。后来她才知道爱尔兰咖啡是酒保专为她而创造的，不过却始终不明白为何酒保会问她：Want some tear drops？

没过多久，她开了一家咖啡馆，也卖起了爱尔兰咖啡。渐渐地，爱尔兰咖啡便开始在旧金山流行起来。这就是为何爱尔兰咖啡最早出现在爱尔兰的都柏林，却盛行于旧金山的原因。

空姐走后，酒保也开始让客人点爱尔兰咖啡，所以在都柏林机场喝到爱尔兰咖啡的人，会认为爱尔兰咖啡是鸡尾酒。而在旧金山咖啡馆喝到它的人，当然会觉得爱尔兰咖啡是咖啡。

因此爱尔兰咖啡既是鸡尾酒，又是咖啡，本身就是一种美丽的错误。

知道为什么整整一年没有人点爱尔兰咖啡，那位空姐最终成为第一个点爱尔兰咖啡的人吗？

因为酒保制作了双份的水单，只有空姐点咖啡时的水单上面才写有"爱尔兰咖啡"，而另外一份水单上是没有的，所以其他的客人是点不到爱尔兰咖啡的。也是因为这个故事，爱尔兰咖啡有个别名——"天使的眼泪"。

第二章
咖啡充满魅力的生命旅程

如果你品尝过咖啡,也许能记住杯中液体那神秘的棕色;如果你深深喜爱咖啡,也许会熟悉咖啡店中陈列着的形形色色的咖啡豆;如果你不可抑制地迷恋咖啡,也许精通各种各样制作咖啡的方法。每当一小杯咖啡唤醒我们灵感的时候,我们无法不惊叹于那小小的"魔豆"所具有的神奇力量。

种植咖啡的自然条件

你可曾见过钻出泥土的咖啡种子的第一对嫩叶？那是咖啡棕色生命的绿色前奏。

"咖啡，常绿色小乔木或灌木，茜草科，叶子长卵形，前端尖，花白色，有香味，结浆果，深红色，内有两颗种子，将种子炒熟制成粉，可以做饮料，有兴奋和健胃的作用，产于热带和亚热带地区。"这是对咖啡的生物特点的极其简单的定义，但作为钟爱咖啡的人们，也许愿意深入安第斯山脉或是肯尼亚高原的什么地方，亲自去体验咖啡那充满魅力的生命历程。

至今全世界大概有50个国家生产咖啡，他们主要分布在北纬28度至南纬38度之间，这一地带多属于热带和亚热带气候，而气候是能否种植咖啡的决定性因素。也有人说南北纬25度之间，也就是南北回归线之间的地带是种植咖啡

第二章 咖啡充满魅力的生命旅程

的最理想地带，通常被称为"咖啡带"或"咖啡区"。世界上最负盛名的咖啡产区大都集中于这个地带，如埃塞俄比亚、肯尼亚、印度尼西亚、夏威夷、古巴、牙买加、哥伦比亚和巴西等。

总体来看，影响咖啡生长的因素主要有以下几个方面：

（1）气温。年平均气温在15～25℃，最低不能低于12℃。

（2）降雨。无灌溉地区的自然降雨量能达到1 000～2 000毫米/年。

（3）海拔。500～2 000米，海拔越高，所产咖啡质量越好，高质量的咖啡一般生长在海拔1 000米以上的山坡，其中最著名的就是牙买加蓝山咖啡，它们生长在海拔600～1 200米的高山上。

（4）土壤。疏松、肥沃、土层深厚、排水良好的土壤是种植咖啡的重要条件，土壤性质要偏酸，pH值在5.5～6.5最为理想。人们长达几个世纪以来的种植经验证明，含有火山灰质的土壤对咖啡的生长非常有益，并非巧合的是，世界最重要的咖啡产地都处于地球板块活动频繁的地带，在这些地方，火山是十分普遍的。

综上所述，种植咖啡的自然条件如此严格，阳光、降雨、高度、土壤，缺一不可。

咖啡树的生长

一株咖啡树的寿命通常是20～30年，虽然有植物学家记载超过100岁的

咖啡树仍然有产出，但是，大多数的咖啡树到了20～25年以后，产量就会大大减少。

一株咖啡树从播种到开花一般要用2～3年的时间，但是，最初几年的果实不能用于生产咖啡。咖啡树的花朵是纯洁的白色，每朵花有5个瓣，花瓣细长而向外翻卷。中心是纤细的自由伸展的花蕊。咖啡树的花通常是数朵簇生在每对叶子的根部，还散发着与茉莉花相似的清香。但是，花期只有不过3天，有些咖啡树的花朵会在几个小时之内就全部凋谢了。在开过花的叶子之间，很快就能结出绿色的咖啡果实，而咖啡豆就是里面的种子。

咖啡果实表皮光滑，颜色鲜艳，通常长度不会超过2厘米。渐渐的，咖啡果实会变黄，然后变成深红色。深红色的外皮下面是黄色的、甜味的、黏稠的浆状物，那就是咖啡的果肉，果实的内侧有一层黄色薄膜，里面包着的就是两颗咖啡豆。

目前全世界最重要的咖啡种类主要来自阿拉比卡、罗伯斯特及利比里亚。这三个品种的咖啡豆是咖啡树的三大原种，所产的咖啡豆品质亦优于其他咖啡树所产的咖啡豆。

阿拉比卡咖啡树

阿拉比卡咖啡树的原产地为埃塞尔比亚的阿拉比卡，其咖啡豆产量占全世界产量的70％；世界最著名的蓝山咖啡、摩卡咖啡等，几乎全是阿拉比卡种。阿拉比卡种的咖啡树适合种植于日夜温差大的高山，以及湿度低、排水良好的土壤；理想的海拔高度为500～2 000米，海拔愈高，品质愈好。但抗病虫害的能力较弱，较其他两种咖啡难种。

罗伯斯特咖啡树

罗伯斯特咖啡树的原产地在非洲的刚果，其产量占全世界产量的20%~30%。罗伯斯特咖啡树适合种植于海拔500米以下的低地，对环境的适应性极强，能够抵抗恶劣气候，抗拒病虫侵害，在整地、除草、剪枝时也不需要太多人工照顾，可以任其在野外生长，是一种容易栽培的咖啡树。但是其风味比阿拉比卡种来得苦涩，品质上也逊色许多，所以大多用来制造速溶咖啡。

利比里亚咖啡树

这种树的产地为非洲的利比里亚，它的栽培历史比其他两种咖啡树的要短，所以栽种的地方仅限利比里亚的苏亚南、盖亚那等少数几个地方，因此产量占全世界产量的5%以下。利比里亚咖啡树适合种植于低地，所产的咖啡豆具有较强的香味和苦味。

表1 主要品种特性比较表

	阿拉比卡	罗伯斯特
风味特点	多变而宽广，不同产地各有特色	不同地区差异不大
栽培高度	栽培高度500~2000m	500m以下
耐腐性	弱	强
外形	椭圆，沟纹弯曲，绿色	较圆，沟纹直，褐色
未烘焙	青草般清香	花生般香味
中浅烘焙	果香	麦仔茶味
深烘焙	焦糖甜香	橡胶轮胎味
咖啡因含量	低 1.5%	高 3.5%
占世界总产量比例	70%~80%	20%~30%

咖啡豆的成熟期和采摘

大多数阿拉比卡咖啡豆的成熟期是6~8月，罗伯斯特咖啡豆是9~10月。因此，虽然在一些干湿季不明显的国家，如哥伦比亚、肯尼亚，一年有两次花期，也就是有大小两次收成，但严格意义上讲一年只有一次。

当然，由于地区不同，收获时期也各不相同。赤道以南，如巴西和津巴布韦地区，主要的一次收获期是在4月或5月，有时能持续到8月份。赤道以北（如埃塞俄比亚和中美洲）的地区一般在9~11月份收获一次。然而，赤道地区的国家，如乌干达和哥伦比亚，全年都能收获，尤其是那些能善于利用各种不同海拔高度的种植园。因此，一年的多数时间都可能有新收的咖啡豆。

那么咖啡豆的采摘是通过什么样的方式进行的呢？

咖啡豆的采摘分为机械采摘和人工采摘。机械采摘适用于土地平整且大面积种植咖啡的农场，采摘机有一个可以根据树的高度节的架子，这个架子可以横跨在一排咖啡树的顶端，摇动咖啡树，使成熟而且松动的咖啡果实落下来，掉入漏斗里。全世界最多使用机械采摘咖啡的地方是巴西，该方法特点是成本低、效率高,但采摘的咖啡豆参差不齐,品质较差。

对于品质要求较高的咖啡豆通常还是采用手工采摘的方法,工人只采摘成熟的果实,对于同一片咖啡树往往要分多次采摘,保证了咖啡豆的质量,但成本高昂。采摘后,人们还会对咖啡果实进行筛选,挑出混在其中的枝叶和不成熟或成熟过度的果实。据统计,一个咖啡种植农场每年花在采摘上的费用是全年种植费用的一半。但是这种方法却很好地保证了采摘后的咖啡果实大小均匀、成熟度接近、不含其他杂质,也有利于咖啡豆的后期加工。

咖啡豆烘焙前的处理

咖啡豆被果肉、果皮和一层叫银皮的薄膜包裹着,而通常出口的咖啡豆是除去了这些东西被精制过的咖啡豆,以便于饮用前进行烘焙。

为了保存咖啡豆和准备烘焙,通常采用两种方法处理咖啡果实,分别是干燥法(也叫晒干法或非水洗法)和水洗法(湿处理法)。

干燥法是最经济、最简单也是历史最悠久的处理方法。人们将收获的咖啡果实平铺在干燥平整的水泥地面、砖

石地面或草席上晾晒，晾晒的同时要有规律地翻动，以免压在下面的果实因晒不到阳光而发酵。这样暴晒三四个星期后，咖啡果实已变成黑色，并且非常干燥，果实含水量不会超过12%。之后把晒干的咖啡果实存入干燥通风的地窖，让它们继续失水。再把干燥好的咖啡果实放入脱壳机，脱去果皮和银皮。

采用这种方法处理咖啡果实，水果的香味能长久地保存在咖啡豆里，但是由于在地面上晾晒，容易使咖啡沾上土腥味，不过随着科技的进步，很多地方的人们已经开始用烘干机烘干咖啡果实。

水洗法与干燥法的最大区别是，水洗法是先去掉了咖啡的果皮和果肉。水洗法最好是在咖啡采摘后的12小时以内进行，防止果肉和咖啡豆粘连。人们首先用清水冲洗咖啡果实，以去除表面的泥土和杂质，然后把咖啡果实投入巨大的水槽，成熟的果实会沉入水底，与漂浮的不成熟果实分离。沉在水底的果实被投入脱壳机，在这里，咖啡果实被压碎，从而使带有银皮的咖啡豆从果实中分离出来。接下来，通过发酵去除银皮表面黏滑的果浆，经过发酵的咖啡豆仍带着银皮，并含有15%的水分，因此还要对它们进行干燥。经过干燥工序后的咖啡豆叫"羊皮纸咖啡豆"（parchment coffee），咖啡豆将在这种状态下，在严格的温度、湿度甚至是海拔高度下保持到出口前夕。即将出口的咖啡豆，要用脱皮机脱去它们已经干燥的银皮。用水洗法处理的咖啡豆，能保留豆子的原味，对于质量高的阿拉比卡豆通常采用这样的方式进行处理。

无论用什么方式处理的咖啡豆，出口之前都要经过研磨和抛光，以去除残留的银皮，并使咖啡豆表面光滑鲜亮。经过这道工序之后，咖啡豆就可以开始它们的远洋旅行了。

咖啡豆的分类方法

近些年来,由于人们美食主义的需求,未烘焙过的生咖啡豆专营店应运而生。在店里,顾客可以亲自从所陈列的生咖啡豆中挑选自己所喜爱的,有些店也可以当场为顾客烘焙。如此一来,就可以在家中品尝到烘焙过且香浓的咖啡了。在此,将为各位读者介绍选购咖啡豆时,要注意到的咖啡名称与规格表示。

出口港名

使用这一命名法的咖啡,名称中要标明咖啡出口的港口,这是因为传统上相同产地、相同品质的咖啡在同一个港口出口。例如:若所标示者为"巴西·圣多斯",则表示这是从圣多斯出口的咖啡。

但标示"摩卡"者为例外。一部分也门生产的咖啡,在出港口出港后,仍然沿用当年的港口名"摩卡"。此外,埃塞俄比亚产的咖啡也有称为"哈拉摩卡"的。其实,摩卡是位于也门红海岸边的一个港口城市。从15~17世纪,这里曾是国际最大的咖啡贸易中心。后来新的咖啡种植地区被开发,该城咖啡贸易逐步衰落。现在的摩卡港已经干枯了,但附近地区出产的咖啡还是习惯称之为摩卡。

今天,有摩卡咖啡豆一词,指带有一些巧克力香味的优质咖啡豆。在英语中,cafe mocha(摩卡咖啡),指混合巧克力的咖啡与卡布奇诺等,成为咖啡

 恋上咖啡

饮料的主要品种。

种名、品种名

通常这种命名咖啡的方法用于那些混种阿拉比卡豆与罗伯斯特豆的国家和地区,为了区分咖啡豆的原种而在国家或产地后面再加上咖啡的种名。例如:加美隆·阿拉比卡、乌干达·罗伯斯特等。另外,还有门多诺伯、布鲁蒙等品。

山岳名

蓝山(牙买加)、加由山(印尼)、克拉尔山(哥斯达黎加)、克利斯特尔山(古巴)、乞力马扎罗山(坦桑尼亚)、马温多哈根(巴布亚新几内亚)等,都是很有名的品牌。

等级、规格

目前各生产国都有其各自独立的标准,最常被采用的标准如下:

A.水洗式/非水洗式。

水洗式:于水槽中,以水流及器具摩擦后,去除果肉及胶质后干燥,称为水洗式咖啡豆,其品质均一。

非水洗式:阳光自然干燥后,以去壳机除去果肉果皮,其品质不稳定。

B.平豆/圆豆。

咖啡的果实是由一对椭圆形的种子组成的。互相衔接的一面为平坦的接面,称为平豆。但也有由一颗圆形种子组成的,称为圆豆,其味道并无不同。

C.(过滤网)咖啡豆的大小(参照表2)。

如巴西、哥伦比亚、坦桑尼亚等多数国家皆采用C种分类法。虽说咖啡豆的大小与品质未必有绝对关系,但可以使生咖啡豆的大小一致。

表2　过滤网号码与咖啡豆的大小

	过滤网号码	咖啡豆大小
平豆	20~29	特大
	18	大
	17	准大
	16	普通
	15	中
	14	小
	13~12	特小
圆豆	13~12	大
	11	准大
	10	普通
	9	中
	8	小

D.以标高分等级（参照表3）。

依照栽培地的海拔高度，可分三、四、七等各等级。一般而言，高地豆较低地豆的品质佳，而且因运费增加，价格也较高。

表3　依标高决定等级

等级	名称	缩写	标高
1	严选良质豆	S.H.B	>4 500
2	上等咖啡豆	H.B	4 000~4 500
3	中等咖啡豆	S.H	3 500~4 000
4	特级上等水洗咖啡豆	E.P.W	3 000~3 500
5	上等水洗咖啡豆	P.W	2 500~3 000
6	特优水洗咖啡豆	E.G.W	2 000~2 500
7	优质水洗咖啡豆	G.W	<2 000

E.品质。

依统计方法,将一定量的样品中所含掺杂物的种类与数量换算成百分比"瑕疵数",作为决定品质类的依据,瑕疵数越小,品质越高。

F.口味。

巴西、海地、肯尼亚等国均有其独自的测试口味方法,经过口味测试后方可出口。

咖啡豆的储存

即使经过烘焙的咖啡豆,在打开包装之后也很容易受潮。咖啡豆一旦受潮,就很容易变质发霉,这将大大缩短其保质期,影响制出咖啡饮品的口味。另外,受潮后咖啡粉黏度增加,会堵塞咖啡机研磨器,对机器造成不良影响。

那么,究竟应该如何储存咖啡豆呢?下面是一些小窍门:

(1)当袋装咖啡豆打开包装后,一定要把开口折好,并用夹子夹紧,避免咖啡豆与空气接触。封好袋口后,把袋子放入密封罐中储存。

（2）切勿将咖啡豆放入冰箱中，而应放在干燥阴凉的地方储存。

（3）如果有条件的话，每次购买一周饮用量的咖啡豆即可。

（4）配有金属封边的密封的陶瓷罐或者玻璃罐也是储存咖啡豆的理想容器，它们可以隔离咖啡豆和外界的污染源。

（5）密封容器的储存空间应该刚好放下所有的咖啡豆，咖啡豆上方存留的空气（氧气）越少越好。

（6）在准备研磨之前，要保持咖啡豆的完整性，研磨后要马上冲煮。

（7）不要将咖啡成品直接放在冰箱的冷藏室中保存，它会吸收不好的味道，而冰箱冷藏室里的温度也不适合。

咖啡豆的烘焙

咖啡的味道百分之八十取决于烘焙，因此可以说烘焙是冲泡出好咖啡的重要程序。烘焙的技术若很好，咖啡豆则大而膨胀、表面无皱纹、光泽匀称，各有其不同风味。将咖啡豆烘焙出其极限的特色，正是烘焙的最终目标。烘焙时间的长短也会决定咖啡豆的烘焙程度最终是"肉桂烘焙""城市烘焙""意式烘焙"，还是"法式烘焙"。

恋上咖啡

简单来说，咖啡豆的烘焙程度可以分为轻度、中度和深度。

烘焙的过程，就是用旋转的外部热源对大鼓室中的生咖啡豆均匀地加热的过程。在这一过程中，温度会达到290℃。加热最终会使咖啡豆的组织结构和成分发生化学变化。

在烘焙过程中，咖啡豆中的水分会蒸发，淀粉会转化为糖分，糖进一步发生焦化。咖啡豆的大小会增加35%左右，它们就像爆米花一样渐渐膨胀。由于水分被蒸发，咖啡豆的重量会减轻18%~22%。不过，咖啡豆重量的变化并不会影响咖啡豆中咖啡因的含量。

渐渐的，生咖啡豆变成黄色，然后变成深棕色。在这一过程中发生了很多化学反应，使得咖啡豆中的糖分和蛋白质相互发生作用。咖啡豆的颜色越深，释放的咖啡油就越多。正是这些变化和咖啡油的释放，将咖啡豆的风味和香气激发了出来。

在烘焙即将结束时，我们必须更加细心，以确保不会将咖啡豆烤焦。

当咖啡豆烤至中度时，其内部便生成了味道丰富的酸性物质。随着烘焙的继续，咖啡豆的颜色不断加深，这些酸性物质便开始分解，糖也开始焦化。烘焙程度越深，咖啡成品的醇度就越高，风味就越好。这就是为什么意式浓缩咖啡的特点为酸度较低，醇度较高，有时像焦糖一样。

人们会严格监控咖啡豆的烘焙过程，烘焙完成后，会喷射冷空气将咖啡豆快速冷却，保住热空气带给咖啡豆的风味和香气。

烘焙的程度越轻，咖啡豆的酸味就越重，由此冲煮出的咖啡风味也很独特。轻度烘焙的咖啡豆制成的咖啡醇度较低，因为咖啡豆在烘焙的过程中还没来得及产生焦糖和释放咖啡油。

中等烘焙的咖啡豆酸味适中，由此冲煮出的咖啡味道更浓郁，口感更圆滑，因为咖啡豆在烘焙的过程中已经开始释放咖啡油。

烘焙程度较深的咖啡豆，其中所有的酸性物质都分解了，释放了大量咖啡油，味道苦中带甜，像巧克力的风味。由此冲煮出的咖啡味道浓郁，醇度较高，质感很好。

烘焙过程中有一个有趣的现象，那就是烘焙程度越深，咖啡豆中的咖啡因含量越少。时间较长、温度较高的烘焙和时间较短、温度较低的烘焙相比，前者咖啡豆中咖啡因的含量少一些。

综上所述，咖啡豆的烘焙大致可分为轻火、中火、强火3大类，而这3种烘焙又可细分为8个阶段，如表4所示。

表4　烘焙咖啡豆的8个阶段

烘焙阶段	特征	各国的喜好	三阶段
浅度	最轻度的烘焙、无香味及浓度可言	试验用	轻
较深浅度	为一般通俗的烘焙程度，留有强烈的酸味，豆子成肉桂色	为美国西部人士所喜好	
较浅中度	中度烘焙。香醇、酸味可口	主要用于混合式咖啡	中度
中度	酸味中有苦味，适合蓝山及乞力马扎罗等咖啡	为日本、北欧人士喜爱	中度（微深）
较深中度	苦味较酸味为浓，适合哥伦比亚及巴西的咖啡	深受纽约人士喜爱	中度（深）
正常烘焙	适合冲泡冰咖啡，无酸味，以苦味为主	用于制作冰咖啡，也为中南美人士喜爱	微深度
法式烘焙	苦味强劲，法国式的烘焙法，色泽略带黑色	用于蒸气加压器煮的咖啡	深度（法国式）
深烘焙	意大利式烘焙法，色黑、表面泛油	意大利式蒸气加压咖啡用	重深度（意大利式）

自行烘焙咖啡豆

在与咖啡相关的活动中，最难的就是在家中自行烘焙咖啡豆。不过虽然如此，还是有很多咖啡爱好者选择这种方式，因为这样既可以充分享受烘焙过程带来的乐趣，享用到新鲜的咖啡，同时也经济实惠很多：和以零售价格购买商业烘焙品牌的小罐装或者小袋装的咖啡豆相比，在家烘焙咖啡豆能够省去加工、包装和广告方面的费用。

烤箱法

烘焙咖啡豆最简单的方法是在烤箱中进行，这样做最大的好处是能调节温度，不会让你的家中到处弥漫着烤咖啡的味道。具体做法如下：

将烤箱预热至260℃，切记要使咖啡豆之间保持空气流通，不要把豆铺得太厚。大约烘烤10分钟后，观察咖啡豆颜色的变化。注意听咖啡豆发出的"噼啪"声，并时刻检查颜色。当咖啡豆的颜色只比你想要的浅一点儿时，便把它们从烤箱中取出冷却。余热会使咖啡豆继续加热2~4分钟。

也可以使用家庭烘烤炉具，方法同样是将烤箱预热至260℃，在一个用过的铸铁煎锅中均匀地撒一层生咖啡豆，然后将煎锅放入预热好的烤箱中，烘焙20分钟。

在烘焙的过程中，不时地摇晃煎锅，直至咖啡豆被烤至中等程度。生咖啡豆先是变成黄色，然后变成棕色。咖啡豆中的水分会随之蒸发。随着咖啡豆中水分的减少，它渐渐散发咖啡成品浓郁的香气，你会听到"第一声脆响"。

如果你想得到烘焙程度更深的咖啡豆，在20分钟之后，将烤箱的温度降至200℃，然后继续烘焙，并且不时地搅拌。一般继续烘焙最多20分钟就可以了，具体烘焙时长取决于你想得到何种烘焙程度的咖啡豆。

咖啡豆烘焙好后，把它们从烤具中取出，放进一个耐热碗中，把碗放在窗边或户外，使咖啡豆冷却。

炉火法

你可以买一个炉上使用的家庭烘烤炉具，但最好的是传统的平底锅或者爆谷（玉米花）机。用一个手柄来操纵机器内部的两个垂直的金属片，这两个金属片可以在烘烤时搅拌咖啡豆。你可以在二手商店或好的厨房用具商店买到，在那里你还能买到价格低廉的烤箱温度计。

或者准备一个用过的较重的金属煎锅（需要有把手和锅盖，不能有不粘涂层），将生咖啡豆撒在煎锅上，一次只

恋上咖啡

撒一层（也可以使用铝制的煮蛋用锅）。然后将一个便宜的烤箱用温度计放在煎锅里（温度计最好有一个金属支撑，放置时可以和锅底形成一定的夹角，这样温度计就可以测量出煎锅中气体的温度，而不是煎锅底部的温度）。

在烘焙过程中，当咖啡豆开始爆裂的时候，煎锅中会冒出烟雾，所以你在烘焙咖啡豆时一定要打开窗户，关闭烟雾报警器，并且打开厨房换气扇。

烘焙时从中火开始，逐渐调大火力，直到温度计显示的温度为260℃。接下来将火力调小，使温度保持在200℃。你需要不定时注意一下温度计显示的温度，一定要保证温度维持在200℃左右。

盖上锅盖，每隔1分钟就轻轻地晃动煎锅，均匀地烤制咖啡豆。只要是用炉火爆过爆米花的人，就会知道用炉火烘焙咖啡豆也是同样的道理。

咖啡豆开始发出噼里啪啦的声音，然后爆裂！随后咖啡豆开始改变颜色，先是呈现黄棕色，然后膨胀且颜色加深。注意观察咖啡豆的颜色，在它即将变成你想要的颜色之前停止烘焙（咖啡豆会保持这个温度，颜色会继续变深）。

注意千万不要让咖啡豆的颜色变得比黑巧克力还要深的颜色，否则就会产生糊味。

一旦烘焙到你想要的程度,就马上将煎锅从火上移开,将咖啡豆倒入另外一个冷的煎锅中,或者倒在石板、大理石上面。迅速冷却能够关闭咖啡豆的气孔,保留咖啡的香气,并且结束烘焙。

需要注意的是,如果你觉得亲自烘焙咖啡豆浪费时间,更倾向于购买现成的烘焙豆,那么应该注意以下事项:

可先与咖啡店老板闲聊,告诉对方自己平常偏好什么样口感的咖啡,好的咖啡馆老板会根据你提供的信息,现煮一杯咖啡试饮,确认是你想要的风味。一开始可以先从少量开始买起,采用少量多样的方法,慢慢挑选出自己钟爱的咖啡口味。

购买时别忘了向老板询问烘焙日期与适饮时间,因为不同的咖啡豆、不同烘焙度会影响到适饮期。例如深度烘焙的咖啡豆,因为烟味与火味较重,最好等烘过七天后再饮用,而风味最佳是在两周后;浅烘焙的咖啡豆则是在烘过后两、三天就可饮用,风味最佳是在一周后,可以喝到豆子风味的变化性,两者最好都在一个月内喝完。

咖啡豆的研磨

氧气、温度和日光都是咖啡粉的"天敌",会引起其中散发淡淡芳香的咖啡油腐化。咖啡粉还会像海绵一样,

吸收其他的气味。因此，一旦你打开了一罐或者一袋咖啡粉，相对新鲜的咖啡粉便开始由于氧化作用失去香气，变得不那么新鲜了。

保持咖啡新鲜的第一种方法是购买小包装的咖啡粉，或者在煮咖啡前研磨咖啡豆。第二种方法虽然看起来比较麻烦，但对于咖啡迷们来说可是一件乐趣十足的事情。这也就引出了"研磨"咖啡豆的问题。"咖啡要尽可能以咖啡豆的形式保存，要在萃取之前再研磨成粉"，这一点看起来十分重要。

用磨豆机研磨烘焙过的咖啡豆，方式有两种，一是像石磨一样，以辗压方式研磨，二是采用锐利的刀刃切割咖啡豆。研磨出最佳研磨度的关键在于，研磨度要适合咖啡萃取器具，且研磨时能研磨均匀，不会产生热度与细粉的才是最好的。

咖啡豆的正确研磨方式并非只是将豆子放入磨豆机中磨成粉而已。对于磨豆机的性能与咖啡粉的研磨度等都要充分了解，必须先想好磨出的咖啡粉要用何种方式萃取，还要注意用剩的咖啡粉的保存方式。

研磨时的重点归纳如下：

研磨度要平均

每一种研磨方式最基本、最重要的目的都是获得研磨度均匀一致的咖啡粉，这样能够使咖啡豆中的咖啡油均匀地溢出。研磨后的咖啡颗粒是否均匀会直接影响咖啡萃取液是否均质。换言之，咖啡粉不均会使咖啡液的浓度不均。否则即使你用的是最好的咖啡豆，也会影响咖啡的味道：

- 研磨不均匀要么导致咖啡油溢出过多，要么则溢出不充分。
- 咖啡油过度溢出的咖啡味道较苦，有刺鼻的味道。
- 咖啡油溢出不足的咖啡味道不浓，口感较淡，没有滋味。

"研磨度愈细，苦味愈强；研磨度愈粗，苦味愈弱"，这是最基本的法则。

原因很简单，研磨度细的咖啡粉表面积较大，萃取出的成分较多，可溶成分愈多，液体愈浓，苦味也就愈强。相反的，粗度研磨的咖啡粉表面积小，萃取的成分亦少，当然浓度较低，苦味也较弱。苦味弱，取而代之酸味就会变强。

由此可见，若是将研磨度不同的咖啡粉混合在一起，则可溶成分的浓度会不一致，酸味与苦味都会因此被萃取出来，可以想象这杯咖啡会变成怎样一杯混浊且杂味多的液体了。

磨豆时会产生摩擦热

不管是咖啡、荞麦或是小麦，研磨时产生热度都属于正常情况。之所以要注意这一点是因为热度会很明显损害咖啡的味道与香气。

恋上咖啡

研磨咖啡时会产生热这是必然的，但是根据磨豆机构造的不同，热度也会有不同的变化。磨豆机研磨咖啡豆的方式大致分为两种，一种是以刻有沟槽的两个盘（臼）式刀刃碾压磨碎咖啡豆，称作grinding，即"碾磨式磨豆机"，大部分手动式磨豆机都属此类。另一种是以切碎式粉碎机为代表，以两个一组、具有互相垂直相咬合的利刃的滚轮（金属制的圆柱状回转轴）切割咖啡豆，这种方式称作cutting，就是所谓的"切割式磨豆机"。

外行人一般认为，用手动式磨豆机（碾磨式磨豆机）缓缓研磨就不会产生热度。事实上正好相反，以盘式刀刃摩擦的类型反倒容易产生热度。另一方面，切割式磨豆机反而能让研磨咖啡粉产生摩擦热的情况减到最低。因为碾压磨碎的方式必然会产生摩擦热，而以切割方式切碎豆子几乎不会产生热度。

家庭用的电动磨豆机是以电机转动螺旋桨状的金属刀刃，它也属于切割式磨豆机。研磨咖啡时，研磨度的粗细取决于时间的长短。也就是说，细度研磨需要花较长时间。螺旋桨式磨豆机比较便宜且功能多样，但制造商不同，品质上会有

天壤之别。也有专家认为它会产生摩擦热与细粉。

另外也有些人认为对于"磨豆时会产生摩擦热"这点不需太过敏感。如果真要采用最理想的原始时代的臼与杵研磨咖啡豆,时间就必须倒退几个世纪。这好像有点小题大做了。

产生摩擦热的原因不光是磨豆机构造的关系,咖啡豆烘焙度不同也有影响。极浅度烘焙的咖啡豆因为豆质

坚硬,容易产生摩擦热。而深度烘焙的咖啡豆因为水分已经蒸发,豆质已经柔软到用手指就能够压碎,摩擦程度小,就不容易生热。因此说,造成摩擦热的原因并不单纯,咖啡的烘焙度对其也有影响。

如果在饮用之前才研磨豆子,使用哪一种磨豆机的影响就不大了。大多数知名咖啡制造商都采用不易产生摩擦热的磨豆机,因为他们的顾客属于不知何时饮用的非特定多数。如果研磨完毕立刻饮用,则使用盘式或者锥式磨豆机就没有太大的分别了

不能产生细粉

研磨时若是产生"细粉"才是大问题。一旦磨豆机疏于保养,具有黏性的酸败细粉与油脂会黏附在磨豆机的锯齿上,变硬,不光是妨碍磨豆机锯齿的运转,可能还会造成运转停止,更别说会产生大量的摩擦热了。

　　细粉带来的影响比摩擦热更糟,不但会使咖啡液混浊,还会带来令人不舒服的苦味与涩味。细粉最常造成的影响是,高温带电的细粉直接附着在磨豆机内部,酸败后在下次研磨时混入新咖啡中。

　　不产生细粉的技巧是尽可能选择不会产生细粉的磨豆机,或者每次使用完用磨豆机附赠的刷子仔细刷去这些附着在上面的细粉。

　　掺杂细粉的咖啡粉会煮出涩味明显的重味咖啡。而粗度研磨的话,则可煮出不混浊且味道清爽的咖啡。

选择适合萃取法的研磨度

　　咖啡包含各种成分,萃取并不是要将这些成分全都萃取出来。通常有此法则:"如果咖啡粉分量一定,则可溶成分的萃取量由研磨度与时间决定。"

　　研磨度愈细的咖啡粉,萃取时间愈长,得到的成分愈多。根据实验证明,如果将定量咖啡粉中能够萃取出的所有成分全都萃取出来,最高可以取得30%的成分。但这些成分并非全部都是我们需要的。咖啡中有我们需要的成分,也有我们不需要的成分,萃取时间越长就越容易将我们不需要的不好成分也萃取出来。

我们不需要的成分中的主要代表就是"单宁",确切的称呼应该是"鞣酸"。咖啡生豆中含有8%~9%,烘焙豆中含有3%~5%,与咖啡因同样具有在某些烘焙度下会被分解的性质。烘焙到意式浓缩咖啡左右的深度烘焙时,90%的单宁会被分解。

一般人常以为深度烘焙咖啡刺激性强,浅度烘焙咖啡刺激性弱,这种想法是完全错误的!误以为浅度烘焙咖啡刺激性较弱而在睡前饮用的话,那一定会让你失眠到天亮。随着烘焙度愈深,咖啡因与单宁的含量少,刺激性也会减弱。所以,千万别被咖啡外表的颜色给骗了。

我们不想萃取出的单宁,就是造成咖啡涩味的元凶。单宁是天使也是恶魔:少量的单宁能够发挥咖啡的甘甜味与醇厚味,但研磨度越细,萃取时间越长,"恶魔"就愈会发挥作用,让咖啡充满涩味。

为了防止单宁被过度萃取,可以将咖啡豆采用粗度研磨,粉量稍多,用比较低的温度(82~83℃)慢慢萃取。

选择适合萃取法的研磨度

这里要再度提醒大家,"研磨度愈细苦味愈强,研磨度愈粗苦味愈弱",这是不变的基本法则,这是根据咖啡粉表面积被热水覆盖的大小所引起的现象,由此可知萃取器具与咖啡粉研磨度的关系。

譬如意式浓缩咖啡,将深度烘焙的豆子细度研磨,使用浓缩咖啡机在短时间内萃取少量咖啡液,则会得到苦味相当强烈的咖啡。相同的咖啡粉以滤纸滴漏法萃取会如何呢?实际动手做做看就知道,滤纸会被咖啡粉塞住,使注入的热水难以通过,萃取的时间被拉长,最后演变成萃取过度的情况。

那么,超粗研磨度会比较好吗?并非如此,研磨度过粗会让热水轻易就通过滤纸落下,咖啡美味的成分就没办法被充分萃取出来。如此一来,落入咖啡壶中的咖啡就沦为味道淡而薄的液体了。

每种萃取器具都有各自适合的研磨度,所以研磨可不是自己想要怎么研磨就怎么研磨的。就如前述的滤纸滴漏法,咖啡粉过粗或者过细都不适合,也就是说它最适合的研磨度是中度到中粗度。

以下是咖啡粉的研磨度与萃取法的关系。

・适合细度研磨——土耳其铜壶(微粉末)、摩卡壶(中细度研磨)、浓缩咖啡机(极细度研磨)。

・适合中度研磨——滤纸滴漏法、法兰绒滴漏法、塞风壶。

・适合粗度研磨——水滴式咖啡机(极粗度研磨)、滴滤壶(极粗度研磨)。

第二章　咖啡充满魅力的生命旅程 ◎

顺便一提，土耳其铜壶这种土耳其咖啡使用的器具，形状像长柄勺，放上咖啡粉、水还有砂糖在火上烤。这种被称为"水煮法"的萃取法使用的是深度烘焙的微粉末状咖啡粉。为何使用深度烘焙的咖啡粉呢？浅度烘焙与中度烘焙的咖啡粉经过高温水煮后涩味会增强，而使用深度烘焙的咖啡，即使高温萃取，得到的还是完全苦味的咖啡。

浓缩咖啡与土耳其咖啡使用深度烘焙咖啡还有一个原因，因为深度烘焙会使豆质柔软而容易研磨得细一点。这虽然有点多此一举，但有的意大利制造的磨豆机无法粉碎浅度烘焙的硬质咖啡豆。那种磨豆机原本就是为了深度烘焙的咖啡豆而设计的，用来研磨质地坚硬的浅度烘焙咖啡豆会立刻发生故障。看来，磨豆机的性能也是根据国家的饮用咖啡的习惯设计呢！

最后，值得提醒的是，磨豆机使用完后一定要清理，否则附着在内部的细粉时间长了就会氧化，下次再研磨新鲜咖啡时会混入其中。因此必须以刷子等将细粉或银皮刷落，还有油脂等也要仔细去除。

研磨咖啡时产生不正常的细粉，就必须注意磨豆机的刀刃是否已磨损。磨损的刀刃会造成研磨不均、产生细粉以及摩擦热等。家庭用的简易磨豆机使用频率较低，因此刀刃磨损的情况不常见。咖啡店里所使用的磨豆机若是刀刃有问题，会影响咖啡的质量，因而必须更换新的刀刃。

美味咖啡的萃取

在咖啡的冲煮方式中,不能说哪一种是最好的,每一个人都有一个自己以为最好的冲煮方法。咖啡已成为现代很多人日常生活中的一部分,不像茶或可可,它可以让每一个人用独特的方法去冲煮。但任何方法都是为了达到一个目的:用热水使咖啡粉的风味和香气释放出来。下面简单介绍几种冲煮咖啡的主要器具和方法,供您选择。

滴滤法

用滴滤法来冲煮咖啡是当今西方最流行的一种方法,据说这种方法是由一个叫贝卢瓦的法国人发明的。

滴滤装置分为两部分。研磨好的咖啡粉放在处于上部的滤纸上，再把热水倒在上面，液体受到重力的作用滴下来，通过滤纸进入下面的咖啡壶中，整个过程需要6~8分钟，最后得到的是只有少许细末的纯净咖啡。

利用这种技术制成的电子产品叫过滤机，它能在过滤前产生温度适宜的适量水。一次性滤纸的一个最大优点是方便——用后就可以把它扔掉。在一些机器上，一次性滤纸比永久性过滤器过滤得更完全。一些过滤设备有通用的附加功能，尽管这好像对最后的杯中之物没有太大的影响。

自动滴滤法

咖啡粉

中度研磨的咖啡粉适合使用滤纸，细研磨至中度研磨的咖啡粉适合使用金属滤网。

方法

在一台电动滴滤式咖啡机的锥形或者圆形的滤网上放上滤纸，将咖啡粉倒在滤纸上。机器自动将水加热，热水滴在咖啡粉饼上，然后透过滤纸滴入放置在加热盘上的壶中。

制作要领

· 为了避免产生煳味，不要将壶放在加热盘上超过20分钟。

· 如果需要的话，可以将咖啡倒入保温壶中，以保证咖啡的温度。一定要先用热水预热保温壶，这样可以避免冰冷的保温壶内壁降低咖啡的温度。冲煮好的咖啡应立即倒入保温壶中。

· 在倒第一杯咖啡之前，摇一摇壶中的咖啡，使它的味道均衡。

优点

- 电动滴滤式咖啡机可以帮助你快速、简单地冲煮一杯理想的咖啡!
- 可以同时为很多朋友调制咖啡。
- 滤纸用完就可以扔掉,简单便捷。
- 如果想更加环保,可以使用金属滤网。

缺点

- 滤纸会吸收一些咖啡的风味,白色的滤纸一般都经过了漂白处理。
- 如果将壶放在加热盘上的时间过长(20分钟或者更久),咖啡就会烧焦,甚至产生轻微的苦味。

手工滴滤法

咖啡粉

中度研磨的咖啡粉适合使用滤纸,细研磨至中度研磨的咖啡粉适合使用金属滤网。

方法

将咖啡粉放在纸质或者金属滤网中,滤网刚好可以放在楔形的滤网架上,架子的底部放在咖啡壶、保温杯或者保温的马克杯上。用水壶将水烧开。将开水静置10~15秒,然后缓慢地倒在滤网中的咖啡粉上,咖啡液就会逐渐滴落于下方的容器中。这种容器最有名的品牌是美乐家和凯美斯。

制作要领

- 在盛咖啡之前,一定要用热水(不是开水)给容器预热。
- 当水烧开之后,先静置10~15秒,然后再倒入楔形滤网中的咖啡粉上。

- 首先将少量热水倒在咖啡粉上，使它均匀地湿透。例如，如果使用了1/2量杯（125毫升）咖啡粉，那么就用1/2量杯的热水将其润湿。等待30秒后，再倒入两次1/2量杯的热水。咖啡粉和热水初次接触后会散发浓醇的香气和风味。预浸泡过的咖啡粉能够形成一种密度更大的粉饼结构，使热水穿过咖啡粉的时候能更加均匀。

优点

- 这种方法比较便捷。
- 如果只需要冲煮1~3杯咖啡的话，这种方法容易控制杯数和最大程度地减少浪费。
- 能够完全控制咖啡粉和热水的比例以及水的温度，这样煮出来的咖啡的质量会更好。
- 咖啡不会煮煳或者产生不好的味道，而自动滴滤法就有可能产生这些味道，因为盛咖啡的壶是放在加热盘上的。

⑤缺点

- 虽然咖啡的品质可以得到更好的保证，但这种方法需要更多的时间和精力，因为我们必须单独加热水，然后将水倒在滤网中的咖啡粉上。
- 如果倒水时不够注意的话，可能会造成咖啡成品中有一些渣滓。

虹吸法

1840年，苏格兰海军工程师罗伯特·奈菲尔（Robert Napier）发明了虹吸式咖啡壶，至20世纪初，演变成现在的形式，之后由美国传到日本。由于虹吸式咖啡

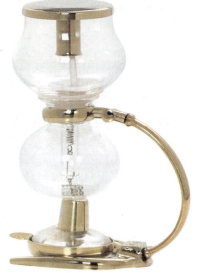

恋上咖啡

壶是利用蒸汽压力的原理制成的,所以又叫蒸汽式咖啡壶。它是最常见的咖啡制作方法之一,主要适用于单品咖啡。

虹吸式咖啡壶看起来更像是一盏神奇的煤油灯,它的构造分为两部分:玻璃上壶和玻璃下壶(即上下座),上下壶之间有一个密封塞,它能使上下壶紧密结合。在下壶和支架上有一金属螺丝栓固定下壶,使之平衡。

它的过滤器是由滤勺式铁片、外包滤布和弹簧及挂钩组成的,它主要起到过滤咖啡渣的作用,在煮咖啡的时候,咖啡和滤布是直接接触的,所以过滤器的保养很重要。虹吸壶萃取咖啡时要有热源,通常是酒精灯或瓦斯火焰,用瓦斯加热速度较快,下壶的水沸腾后,会因虹吸原理上升冲泡上壶的咖啡粉,移开热源,煮好的咖啡就会自动下降,全过程约需4分钟,最好用滤过的生水加热冲泡,口感较佳。

咖啡粉

中度研磨至细研磨的咖啡粉。

方法

检查虹吸壶的上下壶及过滤器,滤布是否完好,计时器、搅拌棒、咖啡量勺是否齐全;采用纯净水,按虹吸壶下壶上的刻度来加水;将磨好的咖啡粉倒入虹吸壶上壶,并轻拍,使咖啡粉表面平坦;使过滤器拉钩垂直向下,安装在上壶中心位置并且钩住玻璃导管;用布将虹吸壶上下壶外部的水珠擦干。咖啡杯加入热水或者放在温杯器上进行温杯。点燃酒精灯,将虹吸壶放在酒精灯外焰处;当水加热到小气泡冒出时,将虹吸壶上壶插入水中;水升至上壶翻腾时,关小火,计时,搅拌同时进行,顺时针搅拌5~6圈;经过30秒后,将搅拌棒插入咖啡的2/3处,进行第二次搅拌。除蓝山、夏威夷可加热45~50秒关火外,其他咖啡均加热60秒关火。先将下壶内的压力释放,再将上壶摇晃取下;将咖啡倒入预热的咖啡杯中(8分满),附上咖啡盘、咖啡匙、奶粒、糖包。

制作要领

- 为了加快咖啡的冲煮速度,可以用水壶单独加热清水,然后将水倒入下壶中,接下来让虹吸壶的热源加热下壶,制造水蒸气。

- 确保整个冲煮过程已经完成之后,再移去上壶。

优点

- 如果你喜欢制作有异国情调的饮品,这种方法会让人印象深刻,而且充满乐趣。因为可看到咖啡豆冲成咖啡的全部过程。

- 虹吸壶可以随身携带,不用考虑是否有电源的问题。

·这种方法利用经典的咖啡壶和布制滤网,可冲煮出味美、纯正、高品质的咖啡。

缺点

·虹吸壶是一种要求比较苛刻的复杂装置。

·如果使用塑料滤网会冲煮出混浊的棕色咖啡。

·这种方法十分耗费时间,你必须有足够的耐心。

·必须在整个冲煮过程结束之后,再将上壶移去。不能过早地移开上壶,否则咖啡就会撒得到处都是。

摩卡壶法

摩卡壶是在1933年问世的,它的结构从来没有发生过改变,但外观造型和使用材质却在不断地变化。最早的摩卡壶是用铝制的,但铝容易与咖啡中的酸

起反应，产生不好的味道，后来逐渐改为用不锈钢甚至部分用耐热玻璃来制作。

在意大利，可以说没有一个家庭里没有各式各样大大小小的摩卡壶。摩卡壶分为上下两部分，用旋转的方式可以把上下结合成一体。壶的下部是一个装水的腔室，腔室靠上端壁上有一个安全气孔，腔室上方是一个布满小孔的装咖啡粉的滤器。壶的上半部则是一个有把手装烹煮好咖啡的有盖容器，容器下方是被橡皮垫环绕一圈的过滤网孔，中心位置那根中空的金属管是让咖啡喷渗出来用的。

在购买摩卡壶时，宜选购不锈钢制品，而不是铝制品。在使用摩卡壶冲煮咖啡之前，你可以先拆解所有的部分，检查所有的附件是否齐全，例如是否有上面有细孔的铁板，即我们称之为减压板；又如白色的橡胶垫圈是否完好。

咖啡粉

中度研磨至粗研磨的咖啡粉。

方法

用摩卡壶烹煮咖啡时，首先把下腔室注满水，但不要超过安全气孔。再将滤器里装满咖啡粉。过滤器都经专家悉心设计尺寸，因此不需费心度量咖啡粉量，只要把滤器装满即可。把上下腔室套入旋紧，即可放到瓦斯炉或电炉上烧煮。但要注意火焰不可超出或高过壶的底面积，以免高温烧坏了橡皮垫。水在下腔密室中烧煮沸腾后会产生水蒸气，凝聚愈来愈多的蒸气造成压力，使热水穿透咖啡粉末，溶解出咖啡中的有用物质，再带着劲道喷流到上方容器里。

用摩卡壶烹煮出的咖啡又称为摩卡咖啡,虽然不是真正的浓缩咖啡,但可以说是加倍强劲的咖啡。

制作要领

可以用咖啡停留在壶中时间的长短来调整咖啡的口味,例如用比较轻烘焙的咖啡豆时(颜色较接近浅褐色,表面没有油亮的油脂),可以让咖啡在萃取完成之后,在摩卡壶中多停留1~1.5分钟;相反,如果用深烘焙的豆子(深咖啡色,表面有时会带有油亮的油脂,我们在市面上买的意大利咖啡豆大多都属于这类),就不需要在壶中多作停留,就可以直接倒在已经温好的杯子里了。

优点

廉价且方便,咖啡品质也不错,有着令人舒适的香气,能够唤起人们对20世纪50年代的电视剧中动人的早餐咖啡美景的回忆。

缺点

沸水容易萃取出咖啡中不必要的苦涩物质,这一点似乎无可避免。唯一能补救的方法是,在第一滴咖啡流出时,就把火关掉。

土耳其壶法

今天用电动滴滤壶、法式压滤壶或者虹吸壶冲煮咖啡的人,可能很难忍受土耳其咖啡的呛口味道。但这却是咖啡最"原始"的味道——埃塞俄比亚人煮咖啡的方式与之相似,且作为一种独特的"异国风情",偶尔出现在咖啡馆的水单上。事实上,如果把喝咖啡的方法归为两类的话,土耳其咖啡足可以独占其一——其他的咖啡皆需滤掉咖啡渣喝,只有土耳

其咖啡是连着渣滓一起吞。这种喝法如今在中东地区和希腊还很普遍,是旅游至此的人一定要尝试的。事实上,如今的土耳其人(其中相当一部分是欧洲移民),倒不怎么喝土耳其咖啡了。

咖啡粉

这种方法需要一种专门的非常精细的如同蛋糕粉一样的咖啡粉,在此并不建议大家在家中研磨。因为如果咖啡粉没有经过充分过滤的话,这种方法就不会成功。

方法

我们需要使用一种长把的铜质或者黄铜质地的咖啡壶,底部较宽,口较窄。它在土耳其被称为"ibrik",在希腊被称为"briki"。

制作2个人的份量:首先将2小勺(13克)精细的咖啡粉放入咖啡壶中,加入1/2量杯(125毫升)水和2小勺(13克)糖,然后将水烧开。当咖啡开始冒泡时,将咖啡壶从火上移开,让泡沫慢慢消失,并进行搅拌。重复这个加热过程2次,直到煮出浓稠、黑色的糊状液体。最后,将咖啡液倒入2个2盎司(60毫升)的杯子中。在享用咖啡之前,静置片刻使咖啡粉沉淀。

制作要领

· 倒入咖啡壶中的液体不要超过其容量的一半。咖啡会产生大量泡沫,咖啡壶必须有足够的空间容纳这些泡沫。否则,咖啡就会从壶中溢出来。

· 当咖啡开始冒泡并且要溢出的时候,将咖啡壶从火上移开,将一部分泡沫倒入杯子中。

· 传统的做法是马上将咖啡倒入杯中,这样可以确保每个人都享用到数量大致相当的泡沫和咖啡。冲煮完成后,有些人喜欢让咖啡在咖啡壶中静置片刻后再倒出来饮用,但是这款浓郁、香甜的咖啡有自己独特的味道和传统的饮法,它要求将咖啡液和咖啡粉一起饮用。

- 如果要制作不同香味的咖啡,可以在冲煮咖啡的时候,向咖啡壶中加入豆蔻、肉桂、肉豆蔻或者丁香。
- 在中东地区,人们通常在咖啡中加入等量的糖。不过,你可以依据个人口味酌情增减。

优点

- 如果冲煮时加了足够多的糖,当咖啡粉沉淀之后,这款浓郁的咖啡的口感就会变得出乎意料的温和与香甜。
- 冲煮的过程十分有趣,能够给人留下深刻的印象。

缺点

- 不习惯使用这种方法的人,可能感觉杯中残留的咖啡粉会影响他们品尝咖啡的兴致。
- 使用这种方法做出的正宗咖啡表面会产生一层薄薄的棕色泡沫。
- 合适的咖啡粉和咖啡壶并不容易找到,在网上购买可能会比较昂贵。

法压法

法压法(滤压壶法)很容易掌握,能够冲煮出非常浓郁、香醇的咖啡,仅次于意式浓缩咖啡。使用这种方法时,咖啡粉直接溶解于稍微冷却的沸水中,使风味和香气完美结合。

第二章 咖啡充满魅力的生命旅程 ◎

咖啡粉

中度研磨至粗研磨的咖啡粉。

方法

首先,用热水给玻璃壶预热。然后将适量的咖啡粉放入壶中,缓慢地倒入稍微冷却的沸水。接下来,将压杆放入壶中。

待咖啡粉浸泡4~6分钟后,轻轻地将压杆按下去,对咖啡进行过滤。这个过程会使咖啡液和咖啡粉分离,咖啡粉会被压到壶的底部。

制作要领

· 每6盎司(170毫升)清水,需要2大平勺(30毫升)咖啡粉。

· 水的选择也很重要。使用的水质量越高,咖啡的味道就越好。

· 事先向玻璃壶中倒入热水(不是开水)预热,向咖啡粉中慢慢地加入稍微冷却(100℃以下)的开水。泡咖啡的时候,可以在玻璃壶外面裹上毛巾,这样能使咖啡更加持久地保温。

恋上咖啡

优点

• 这种方法能够调制出除意式浓缩咖啡外最高醇度的咖啡（如果操作得当的话）。

• 静置的时间比滴滤法要短。滤压的器具很轻，水很热，咖啡和水的比例较高。

• 咖啡粉浸泡在接近沸点的水中，不会继续煮沸或者烧煳，能够保留浓厚的香气和风味，没有任何苦味。

• 没有使用滤纸，咖啡油淡淡的香气不会被其吸走。

• 这种方法十分快捷，而且法压壶也方便携带。

另外，法压壶（滤压壶）还可以用做奶泡壶，用来制作卡布奇诺和拿铁咖啡，方法如下：

首先用平底深锅在炉火上加热一杯牛奶（最好是脱脂牛奶）、豆奶或者米浆，也可以用微波炉加热。注意加热不要过度，应该刚好到手指不敢放入牛奶

中的温度时停止。然后将牛奶倒入干净的冲洗过的法压壶中。接下来将压杆上下抽压几次，就像使用奶油搅拌机一样。牛奶的体积将会膨胀3～4倍，产生可供卡布奇诺或者拿铁使用的奶沫。

缺点

· 经过静置以后，咖啡可能会变凉。

· 如果咖啡粉很细的话，压杆可能非常不容易按下去，因为液体表面的张力会很大。

· 如果没有使用中度研磨或者粗研磨的咖啡粉的话，细小的咖啡粉沉淀物可能留在咖啡杯底部。

· 清洗起来比较麻烦，因为这种法压壶没有使用滤纸。

冷压缩法

使用这种方法能够调制出浓缩的冰咖啡。

咖啡粉

中度研磨的咖啡粉。

方法

这种方法使用一个大的白色塑料容器，里面装有滤网。在此推荐大家使用托蒂法的冷压咖啡调制容器，还有一种能够实现冷压缩法的方法被人们称作"菲尔特龙咖啡过滤系统"。

首先将大约450克中度研磨的咖啡粉倒入容器中的滤网上。向滤

网倒入4杯冷水,等待5秒,不要搅拌。然后,缓慢而均匀地再倒入5杯冷水,也不要搅拌。接下来,将容器放在冷藏室中,等待10～12小时,咖啡会透过滤网流入玻璃咖啡杯中。冷过滤的过程结束后,将滤好的冷浓缩咖啡倒入玻璃瓶中,密封好放在冷藏室中备用。这种方法一次能够调制出大约9杯冷浓缩咖啡。

制作要领

·热咖啡:在浓缩咖啡中加入冷水,比例为1:3,然后用微波炉加热。或者将1份浓缩咖啡放入盛有热水的水壶中。

·冷/冰咖啡:这是调制冰咖啡的重要方法,由此调制出来的咖啡具有很好的融合性。在浓缩咖啡中加入冷水,比例为1:2,然后放入冰块。

·用这种方法调制的冷咖啡也可以用来制作上好的咖啡冰块。

优点

·使用托蒂法的冷咖啡调制系统与传统的热水冲煮法相比,咖啡中的酸性物质含量减少了。

- 使用冷压缩法调制的咖啡与使用热水冲煮的咖啡相比，咖啡因的含量大约减少了33％。
- 这种方法适用于制作冰咖啡，适合咖啡馆使用，也方便了冷饮爱好者。只需要向用冷压缩法调制而成的浓缩咖啡中加入冰块就大功告成了！
- 这种方法适合制作野餐咖啡。只需要向浓缩咖啡中加入用篝火加热过的水就可以饮用了。

缺点

- 使用冷压缩法调制而成的咖啡对那些喜欢法压法的人和意式浓缩咖啡（下文将详细讲解）爱好者来说，味道有些淡，乐趣也少了很多。
- 如果你通常每次只做1~3杯咖啡，那么使用冷压缩法就不太合适了，因为它一次使用450克咖啡粉调制咖啡时效果最好，这样产出的浓缩咖啡可能多出你所需要的量。

低因咖啡

什么是低因咖啡？咖啡因含量1%~5%的咖啡才可以称得上是低因咖啡。现在，随着人们对健康的关注，低因咖啡数量和品种的需求与日俱增。如今，它已经占据了美国咖啡消费总量的20%以上。

事实上，在去除咖啡因和烘焙的过程中，那些饱含风味和香气的化合物也会随着咖啡因的去除而分解或消失。对于多数咖啡的铁杆粉丝来讲，那些低因咖啡给身体带来的刺激和普通咖啡不可同日而语。但是，一些较好的去除咖啡因的工序能够保持咖啡豆最原始的浓郁风味。比如：质量上乘的100%纯度的阿拉比卡咖啡豆，经过"热风烘焙"和使用瑞士水去除咖啡因后，可以制成味道很美的低因意式浓缩咖啡或者滴滤咖啡。即使和含标准量咖啡因的咖啡相比，它的味道也毫不逊色。

去除咖啡因的工序起源于20

世纪之初的德国。尽管从那时开始便有很多专利相继问世,但今天被咖啡产业所大量采用的去除咖啡因的基本方法只有三种。这三种方法的第一步是相同的:用蒸汽和水蘸湿生的(未经烘焙的)咖啡豆,使其变软。它们的气孔会打开,咖啡因之间的连接会变得松散。这一步之后,就可以使用下述不同的方法了。人们按照步骤的不同分别给这三种方法命名。

瑞士水方法

人们通常用瑞士水来处理高质量的阿拉比卡咖啡豆,因此最后的咖啡成品质量较高,这也会体现在价格上。

这一处理过程中不会使用任何化学制品。首先,经过最初的水和蒸气的浸润,咖啡因和咖啡风味提取物已经从咖啡豆中脱离。然后我们扔掉这批咖啡豆。接下来,留有咖啡风味提取物和咖啡因的溶液经过活性炭的过滤除去咖啡因。现在只剩咖啡风味提取物的溶液了(不含咖啡因)。这些溶液随后将用于

恋上咖啡

吸取另外一批咖啡豆中的咖啡因。将另外一批咖啡豆放在该溶液中，根据可溶性的原理，咖啡豆中的咖啡因含量较高，它们会从浓度较高的环境（咖啡豆）中移动到浓度较低的环境（咖啡风味提取物溶液）中。经过这样的处理，咖啡豆中的咖啡因被除去了94%～96%。这个过程中除了使用活性炭过滤之外（和过滤纯净水所使用的物质相同），没有使用任何化学制品，因此是一种有机、自然的方法。

用水去除咖啡因的方法

在用水（不专指瑞士水）去除咖啡因的过程中，我们会使用化学制品（不是活性炭）过滤，将咖啡因从咖啡风味提取物溶液中除去。有一点值得注意，这种化学制品并不和咖啡豆直接接触。咖啡豆只和水接触，因此它那浓郁的香气和风味最大限度地保留了下来。

溶液法

有一些溶液，如二氯甲烷和普通醋酸乙酯，是最常使用的去除咖啡因的化学制剂。

人工合成的二氯甲烷会污染环境,所以对于它的使用,人们一直存在争议。不过,使用它是合法的,只要将残渣控制在一定程度之内就可以。

醋酸乙酯可以从天然的材料中提取,也可以人工合成。溶液法通常被标榜为"自然"去除咖啡因法。但是,我们并不知道制成该溶液的成分是天然的还是合成的。

溶液接触咖啡豆法

在经过最初的浸润处理之后,我们让溶液流过咖啡豆,去除其中的咖啡因。随后,我们用水冲洗咖啡豆,再一次进行蒸气处理,使咖啡豆上残留的溶液蒸发掉,最后让咖啡豆变干。这样咖啡豆就可以出售了,人们可以对其进行烘焙,而提取出来的咖啡因也可以出售,用于制作药品或者软饮料。这种化学的去除咖啡因的方法可以去除因咖啡豆中96%~98%的咖啡因。

溶液不接触咖啡豆法

在经过最初的浸润处理之后,咖啡豆"洗过热水澡",其中的咖啡因和咖啡风味提取物被提取了出来,然后我们将含有咖啡风味提取物和咖啡因的溶液与咖啡豆分离,再将这种溶液与一种可以吸取咖啡因的溶液混合。随后,我们分离出混有咖啡因的溶液,将处理过的咖啡豆放入留有咖啡风味提取物的溶液中,使之重新吸收咖啡豆的风味和咖啡油。

有一点值得注意,在使用这种方法的时候,可以吸取咖啡因的溶液没有接触咖啡豆。再次重申一下,咖啡豆上残留的任何溶液都会在最后的处理过程中蒸发掉,或者在最后的烘焙过程中蒸发掉。

"超级"二氧化碳法

在经过最初的浸润处理之后,将要除去咖啡因的咖啡豆放在萃取机中。经过加压的"超级"二氧化碳的浓度是大气压力下二氧化碳浓度的250~300倍。在这样的压力下,二氧化碳会变成流体,其形态介于液态和气态之间。当这一"超级"流体流过咖啡豆之后,咖啡因就会转移到其中了。

随后,富含咖啡因的溶液通过过滤装置,咖啡因会被收集起来重新使用。这项工作完成之后,我们将压力减小,溶液就会重新变为气体排出。二氧化碳价格便宜,并且无毒无害。这种超级二氧化碳法能够去除咖啡豆中96%~98%的咖啡因,同时不会影响咖啡的风味。

有趣的是,无论使用什么方法,世界上去除咖啡因的加工厂很少,因为它的运转成本非常非常高,这也正是低因咖啡要比普通咖啡的价格高出很多的原因。

多数品牌商店出售的低因咖啡豆都是由瑞士和德国的去除咖啡因的工厂生产的。人们最先将咖啡豆运往那里,当加工过程完成以后,再将它们运回北美。低因咖啡起源于德国,已经有100多年的历史了。让我们欣慰的是,它的加工标准十分严格,人们对去除咖啡因设备的质量监控也十分严格。

当你购买低因咖啡豆时,要注意检查它是阿拉比卡咖啡豆还是罗伯斯特咖啡豆。由于咖啡豆及(或)其拼配方法不同,最终咖啡成品中剩余的咖啡因含量会有所不同。例如,去除咖啡因的纯度的罗伯斯特咖啡豆中咖啡因的含量比相同情况的阿拉比卡咖啡豆要高,因为在天然状态下,罗伯斯特咖啡豆中咖啡因的含量几乎是阿拉比卡咖啡豆中咖啡因含量的2倍。

通常情况下,我们会选用低等级的罗伯斯特咖啡豆进行去除咖啡因的处理,因为它们能够产生更多的咖啡因副产品,可以用来出售或制作医药和软饮料。但是,现在人们越来越多地对阿拉比卡咖啡豆进行去除咖啡因的处理,因为由其冲煮出的最终咖啡成品的风味、香气和醇度都比较好。当然,最重要的原因是,它们能够调制出咖啡因含量较低的咖啡成品!

第三章
浓情蜜意,咖啡名媛

单品咖啡成熟优雅,岁月流转,在世界上不同的地方,它们默默地生长、开花、结果。当你凝视杯中那棕色的液体,伴着小匙划出的圈圈涟漪,你也许会看到咖啡农人的笑脸荡漾在云雾缭绕的高山间。一杯单品咖啡,一个人,即使在最喧嚣的街头咖啡馆,你也能拥有一种最平和、最纯净的心境。

蓝山咖啡

令世界各地鉴赏家们最满意的上品咖啡是牙买加蓝山咖啡，牙买加蓝山咖啡被誉为"国王的咖啡"，有人把喝牙买加蓝山咖啡比作是驾驶劳斯莱斯轿车。通常，蓝山咖啡有自己固定的消费人群，它的味道非常微妙，不仅口味浓郁香醇，而且由于咖啡的甘、酸、苦三味搭配完美，所以完全不具苦味，仅有适度而完美的酸味。一般都单品饮用，但是因产量极少，价格高昂无比，所以市面上一般都以味道近似的咖啡调制。

蓝山山脉位于牙买加岛东部，因该山在加勒比海的环绕下，每当天气晴朗的日子，太阳直射在蔚蓝的海面上，山峰上反射出海水璀璨的蓝色光芒，故而得名。蓝山最高峰海拔2 256米，是加勒比地区的最高峰，也是著名的旅游胜地。这里地处咖啡带，拥有肥沃的火山土壤，空气清新，没有污染，气候湿润，终年多雾多雨，这样的气候造就了享誉世界的牙买加蓝山咖啡，同时也造

第三章 浓情蜜意，咖啡名媛 ◎

就了世界上最高价格的咖啡。

牙买加岛上最早出现的咖啡，是1728年从拉丁美洲的海地传来的。到了1790年，从海地流亡来的难民中有一些咖啡农，他们在蓝山地区落脚，也把咖啡种植技术带到这里。1838年，牙买加废除奴隶制，允许被解放的奴隶耕种自己的土地。获得自由的奴隶搬到山里专门种植咖啡，并把咖啡出口到英国。蓝山咖啡受到英国上流社会的赞赏而逐渐闻名。

1717年，法国国王路易十五下令在牙买加种植咖啡，20年代中期，牙买加总督尼古拉斯·劳伊斯爵士从马提尼克岛进口了阿拉比卡种，并开始在圣安德鲁地区推广种植。直到今天，圣安德鲁地区仍然是牙买加蓝山咖啡的三大产区之一，另外两个产区分别是：波特兰产区和圣托马斯产区。几年内，牙买加出口纯正的咖啡达375吨之多。1932年，咖啡生产达到高峰，收获的咖啡多达15 000多吨。

牙买加政府于1950年设立了牙买加咖啡工业委员会（the Jamaica Coffee

恋上咖啡

Industry Board），该委员会为牙买加咖啡制定质量标准，并监督质量标准的执行，以确保牙买加咖啡的品质。委员会对牙买加出口的生咖啡和烘焙咖啡颁予特制官印，是世界上最高级别的国家咖啡机构。目前能够代表蓝山咖啡原产地的，有马菲斯河堤中央工厂、蓝山咖啡合作厂、波特兰蓝山咖啡合作厂、咖啡工业协会（华伦福特）、咖啡工业协会（圣约翰峰）和蓝丽等6种标志。

到了1969年，咖啡生产的情况得到了改善，因为利用日本贷款改善了生产质量，从而保证了咖啡市场的供应。到如今，这种咖啡已达到了被狂热喜爱的地步。

到了1981年，牙买加又有1 500公顷左右的土地被开垦用于种植咖啡，随后又开辟了另外6 000公顷的咖啡地。事实上，今天的蓝山地区是一个仅有6 000公顷种植面积的小地方，不可能所有标有"蓝山"字样的咖啡都在那里种植。另外的12 000公顷土地用于种植其他两种类型的咖啡：高山顶级咖啡和牙买加优洗咖啡。

蓝山咖啡味道纯正的秘密在于，他们的咖啡树全部生长在崎岖的山坡上，采摘过程非常的困难，非当地熟练的女工根本无法胜任。采摘时选择恰到好处的成熟的咖啡豆非常重要，未成熟或熟透了都会影响

咖啡的质量。采摘后的咖啡豆当天就要去壳，之后让其发酵12~18小时。此后对咖啡豆进行清洗和筛选。之后的工序是晾晒，必须在水泥地上或厚的毯子上进行，直至咖啡豆的湿度降至12%~14%。然后放置在专门的仓垛里储存。需要时拿出来焙炒，然后磨成粉末。这些程序必须严格掌握，否则，咖啡的质量将会受到影响。

牙买加蓝山地区的咖啡有三个等级：蓝山咖啡、高山咖啡和牙买加咖啡。其中的蓝山咖啡和高山咖啡下面又各分两个等级。从质量来分由上到下依次为：蓝山一号、蓝山二号、高山一号、高山二号、牙买加咖啡。通常情况下种植在海拔457米到1 524米之间的咖啡被称为高山咖啡，种植在海拔274米至457米之间的咖啡称为牙买加咖啡，只有在海拔1 800米以上的蓝山区域种植的咖啡才能叫蓝山咖啡，在价格上蓝山咖啡要比高山咖啡高出数倍。

喝咖啡应该像品味一杯美酒一样，细细地品味才能体会其精粹。使用虹吸咖啡壶会令蓝山咖啡独具神韵。先闻闻咖啡的原香，然后小啜一口试试原味，

恋上咖啡

再依个人喜好加入适量的糖,并用小汤匙搅拌,趁着搅拌的咖啡漩涡,缓缓加入奶,让油脂浮在咖啡上,一方面可以保温,另一方面,咖啡的热度也可蒸发奶香。

咖啡要趁热饮用,因为它的滋味与香气会随着冷却而打折扣。喝咖啡不仅要适温也要适量,一般注入杯中七八分,恰好的份量不仅使味道活现,饮用时也利落轻巧。遵循这样的品味方式,你的蓝山咖啡便显得愈加的美味了。

夏威夷科纳

夏威夷(Hawaii)是美国的第五十个州,由夏威夷群岛组成,是夏威夷群岛中最大的岛屿。虽然地处热带,气候却温和宜人,拥有得天独厚的美丽环境,风光明媚,海滩迷人,是世界上旅游业最发达的地方之一。

夏威夷最早的定居者在公元300~400年的时候到达这里,历史学家猜测他们来自马

第三章 浓情蜜意，咖啡名媛 ◎

　　科萨斯群岛。人们分散成不同的部落在岛上居住，并由世袭的酋长领导。最早的夏威夷居民创造了夏威夷丰富的音乐文化，虽然没有太多的文字保存下来。

　　而欧洲人发现夏威夷则是纯属偶然。他们原本是要寻找传说中一条可以通向生产香料的东方的通道，但是却发现了太平洋中最富饶的明珠。一位名叫詹姆斯·库克的船长于1778年在考爱岛登陆，补给他的船只。他在返航的路上遭遇严寒和暴风，因此，不得不在第二年年初又回到了夏威夷，并在科纳的一处海滩下锚。从此以后，夏威夷诸岛就成了世界贸易航海路线中重要的中途停靠港。夏威夷的酋长们用岛上的特产檀香木与过往的船只交换武器、货物和牲畜。19世纪20年代开始，西方宗教开始在岛上广泛传播，有许多那个时代建成的教堂至今还在使用。

　　到夏威夷观光，你可以看着如火的夕阳沉入赤橙色的海面，感受着溢满花香的清新空气，同时坐在海边喝上一杯香浓的科纳咖啡。世界上恐怕没有哪一个地方能提供给你这样的享受。

　　夏威夷是美国唯一一个种植咖啡的州，在这里，咖啡被种植在夏威夷群岛的五个主要岛屿上，它们分别是瓦胡岛、夏威夷岛、毛伊岛、考爱岛和毛罗卡岛。不同岛屿出产的咖啡也各有特色，比如，考爱岛的咖啡柔和滑润，毛罗卡

岛的咖啡醇度高而酸度低,毛伊岛的咖啡中等酸度但是风味最强。夏威夷人为他们百分百本土种植的阿拉比卡咖啡豆而无比自豪。不过由于这里的产量不高,成本出奇的昂贵,再加上美国等地对单品咖啡的需求日渐增多,所以它的单价不但越来越高,并且也不容易买到。

夏威夷旅游业发达,游客可以参观咖啡农场,亲眼看到或亲自动手参加咖啡的收获、咖啡豆的加工、烘焙和研磨等各种工序,并制作一杯真正属于自己的咖啡。在科纳地区,有大约600个独立的咖啡种植农场,它们中的绝大部分都是规模很小的家庭式农场,咖啡种植面积通常在1.2~2.8公顷之间。科纳咖啡每年可以为这些咖啡农场带来超过1 000万美元的收入。

科纳咖啡的种植一直采用家庭种植模式。开始,只有男人被允许在咖啡园工作,后来女人也加入其中。夏威夷人的这种家庭生产更愿意依靠家人的努力而不会雇用工人来干活,因此,当时的夏威夷人家生八九个小孩是正常的。这以后,又不断有新的移民从菲律宾、美国本土和欧洲来到夏威夷从事咖啡种植业,久

而久之,夏威夷形成了一种以家庭文化为中心,同时易于吸纳外来文化的社会氛围,并使其成为夏威夷的一大特色。

夏威夷也是品尝和购买咖啡的天堂。每个岛都有几个各具特色的地方供游客和当地居民品尝和购买咖啡,它们中既有舒适温馨的小店,又有介绍咖啡知识的综合中心。

夏威夷所产的科纳咖啡豆具有最完美的外表,它的果实异常饱满,而且光泽鲜亮,是世界上最美的咖啡豆。咖啡柔滑、浓香,具有诱人的坚果香味,酸度也较均衡适度,就像夏威夷岛上五彩斑斓的色彩一样迷人,且余味悠长。

科纳咖啡,种植在夏威夷西南岸、冒纳罗亚火山的斜坡上。冒纳罗亚原本是座火山,位于夏威夷岛科纳地区的西部。该咖啡产区的长度约为30公里,其种植区主要集中在该地区的北部和南部。咖啡树种植在相对荒凉的地带,但是其土质肥沃,含有火山灰。虽然开始种植时需要投入强体力劳动,经营又很艰难,但令人欣慰

的是,科纳的咖啡树(至少是那些生长在海拔90米以上的咖啡树)似乎不受任何病虫害的影响。

尽管夏威夷经常受到龙卷风的影响,但是气候条件对咖啡种植业来说却是非常适宜的。这里有充足的雨水和阳光,又无霜害之忧。除此之外,还有一种

被称为"免费阴凉"的奇特自然现象。在多数日子里,下午两点左右,天空便会浮现出朵朵白云,为咖啡树提供了必需的阴凉。事实上正是如此优越的自然条件使得科纳地区的阿拉伯品种咖啡产量比世界上其他任何种植园的都高,而且一直保持着高质量。比如,在拉丁美洲每公顷产560~900千克,而在科纳每公顷则产2 240千克。而令人感到遗憾的是,只有大约1 400公顷的地方出产科纳咖啡。

从19世纪早期开始,科纳咖啡就在科纳这个地方开始被种植,并从未间断过,而也只有这里出产的咖啡才能被叫作"夏威夷科纳"。夏威夷科纳咖啡的生豆通常是100克包装的单品咖啡豆。科纳咖啡豆也经常与世界上其他地方出产的咖啡豆一起被用来制作混合咖啡,科纳咖啡豆与其他豆的混合豆会在包装上注明"科纳混合豆",遗憾的是,这种混合豆中,科纳豆的含量可能非常低,在夏威夷可以使用"科纳"标签的混合豆中科纳豆的最低含量标准仅为10%。因此,如果你不是身处夏威夷的科纳,就很难拥有百分之百纯正的科纳咖啡豆。由此看来,真正的科纳咖啡确实是世间珍品,不易找到。

最佳的科纳咖啡分为三等：特好、好和一号。这三等咖啡在庄园和自然条件下都有出产。现在市面上大多数自称为"科纳"的咖啡只含有不到5%的真正夏威夷科纳咖啡。

真正的夏威夷科纳咖啡让人享受独特的快意，引领你慢慢进入品尝咖啡的超然状态。

巴西波旁山度士

巴西地处西半球拉丁美洲地区，位于南美洲东部、大西洋西岸，陆上除厄瓜多尔和智利以外，与南美大陆上的所有国家接壤；领土绝大部分位于赤道和南回归线之间，是世界上热带范围最广的国家。境内1/3属热带雨林气候，2/3属热带草原气候，优越的自然条件非常适宜热带经济作物——咖啡的生长与生产。

虽然世界各国的人们都喜爱咖啡，但是没有哪一个国家像巴西这样将咖啡与日常生活和工作结合得这样紧密。巴西人几乎是全天不间断地啜饮着咖啡。而巴西也充分利用了自己热带的地理环境，重视咖啡的生产与销售，使咖啡的产量、出口量、人均消费量多年来一直雄踞世界榜首，被世

恋上咖啡

人誉为"咖啡王国"。

咖啡传入巴西是18世纪以后的事,1727年,咖啡由圭亚那传入巴西贝伦港,从此便在巴西安图库安家落户,主要分布在巴西的东南沿海地区,即圣保罗、巴拉那、圣埃斯皮里托、米纳斯吉拉斯等4个州。从18世纪末到20世纪20年代,形成巴西咖啡生产的极盛时期,巴西

的咖啡产量已占世界总产量的75%。在较长的时期内,咖啡占有巴西出口总收入的2/3。1929年爆发的资本主义经济危机使咖啡的世界消费量锐减,给巴西咖啡种植园经济以沉重打击。此后,巴西咖啡生产在出口收入中的比例直线下降。近30年来,随着巴西现代工业特别是钢铁、造船、汽车、飞机制造等工业的崛起和大力发展,咖啡在国民经济中的地位逐年下降,但它仍是巴西的经济支柱之一。巴西现在仍是世界上最大的咖啡生产国和出口国。

巴西种植的咖啡既有历史悠久的阿拉比卡咖啡,又有年轻健壮的罗伯斯特咖啡,在那里有近40亿棵咖啡树。世界各地的人们常喝的意式浓缩咖啡,通常是用巴西咖啡冲泡的。巴西咖啡通常使用晒干法或半水洗法处理。虽然巴西咖啡有很多种类,但是大多数为低酸度、口感柔滑,这样的咖啡豆最适合与其他单品咖啡豆混合来制作意式浓缩咖啡,它能在浓缩咖啡表面形成金黄色的泡沫,并使咖啡带有微甜的口味和悠长的余味。巴西土壤条件较好,而且气候温暖湿润,比较适合咖啡树的生长,但是,巴西是个海拔不高的国家,海拔500米以上的山地只占全部国土的不到5%,因此,并非在林间开垦咖啡田,而大多数是由草场改造而成的咖啡农场。此外,巴西还是世界咖啡产地中唯一一个会遭受霜冻袭击的地方,每年一月初到八月中旬,霜降都有可能伤害咖啡树,例如1994年的两次严重霜降就曾经引起咖啡产量锐减,并导致了世界咖啡价格的短期上扬。

巴西种植了很多种类的咖啡树,大部分质量等级不高,但也有一些世界著名的单品,巴西波旁山度士就是其中之一,这个看起来复杂的名字概括了这种咖啡的历史。"巴西波旁山度士"中的"波旁"来自于波旁岛阿拉比卡咖啡树。波

旁岛也就是现在的留尼旺岛,曾经是阿拉比卡咖啡的繁盛之地,产于该岛的阿拉比卡咖啡树被引种到世界各地,巴西波旁山度士就是它们的后代。"山度士"来自于山度士港,这是巴西东南部大西洋上的一个港口,从山度士港出口的咖啡中,有来自不同产区的巴西咖啡、质量比较有保障的是来自于圣保罗、巴拉纳州和米纳斯吉拉斯州南部的咖啡,其中米纳斯吉拉斯州出产的山度士咖啡质量最好,因此,如果你看中的巴西山度士标明产地是米纳斯吉拉斯,那你大可放心购买,如果不从产地考虑,而仅从咖啡的属种考虑,显然波旁山度士是山度士中最著名的一个阿拉比卡种咖啡。

巴西波旁山度士并没有特别出众的优点,但是也没有明显的缺点,这种咖啡口味温和而滑润、酸度低、醇度适中、有淡淡的甜味。这些所有柔和的味道混合在一起,要想将它们一一分辨出来,是对味蕾的考验,这也是许多波旁山度士迷们爱好这种咖啡的原因。正因为它是如此的温和和普通,波旁山度士才适合普通程度的烘焙,适合用最大众化的方法冲泡,是制作意式浓缩咖啡和各种花式咖啡的最好原料。

哥伦比亚特级

哥伦比亚，位于南美洲西北部，西濒太平洋，北临加勒比海。赤道横贯其南部，平原南部和西岸为热带雨林气候，向北逐渐转为热带草原和干燥草原气候。哥伦比亚是一个美丽的国家，山川秀美、风光旖旎、气候宜人、四季如春，空气清新，沁人肺腑。它的历史也非常悠久，从远古时代起，印第安人就在这块土地上繁衍生息。公元1531年哥伦比亚沦为西班牙殖民地，1819年获

得独立。1886年改称现名,以纪念美洲大陆的发现者哥伦布。

咖啡是哥伦比亚这个国家的人民除了足球外的另一骄傲。这里的大街小巷布满了咖啡馆,服务生用精致的瓷碗斟上咖啡,恭恭敬敬地送到顾客面前。咖啡室内香气弥漫,沁人心脾。

哥伦比亚咖啡,是少数以自己的名字在世界上出售的单品咖啡之一。在质量方面,它获得了其他咖啡无法企及的赞誉:被称为"绿色的金子""翡翠咖啡"。

世界上的咖啡分为两大系列,一种是以巴西为代表的"硬"咖啡,味道浓烈;另一种是以哥伦比亚为代表的"软"咖啡,味道淡香。

哥伦比亚气候温和,空气潮湿,多样性的气候使这里整年都是收获季节,不同时期、不同种类的咖啡在这里相继成熟。他们所种植的是品质独特的阿拉比卡咖啡豆,由这种咖啡豆磨制的咖啡,口味浓郁、回味无穷,堪称咖啡精品。如今,很多人都把"哥伦比亚咖啡"和"高品质""好口味"画上了等号。

哥伦比亚适宜的气候为咖啡提供了一个真正意义上的"天然牧场"。但那里的人们并不刻意强调他们优越的自然条件,他们更乐意听到的是人们赞美他们咖啡豆的香醇口感。他们不喜欢被人们评价说哥伦比亚咖啡的声名是依靠独特的地理位置,他们希望人们看到他们辛劳的付出和对品质的不懈追求。

哥伦比亚豆咖啡以特选级为最高等级,上选级次之;但恐怕要18号豆(直径达0.7厘米以上)以上的特选级咖啡,才能列入精选咖啡。哥伦比亚咖啡有较顺滑的口感,宛如咖啡中的绅士,中规中矩。他的产区很广,但以中央山区的

恋上咖啡

咖啡最好,质感厚重,以曼德林、阿曼吉亚与马尼扎雷斯等产区最为知名,习惯上统称为"mam"。在哥伦比亚,"娜玲珑咖啡"的滋味鲜美,品质甚佳。据说,以经营精选咖啡为宗旨的星巴克公司,拥有"娜玲珑特选级"咖啡豆的独家购买权,在他们的连锁店里常可见到此豆的踪影。

  常喝咖啡的人都知道,哥伦比亚咖啡拥有丝绸一般柔滑的口感。每一种咖啡因品种产地不同,有着各自强烈的性格,例如阳刚浓烈的曼特宁,有着酷似钢铁男子的性格;醇味芬芳的蓝山咖啡,最叫温柔的女子思念上瘾。而一向清淡香味的哥伦比亚特级咖啡,最适合那些性喜清淡的人。这样的人不想将喝咖啡当作一件正襟危坐的事,从酸、甜、苦、涩间体会什么深奥的人生哲学,只想简简单单地喝一杯可口的咖啡,一杯热腾腾的哥伦比亚咖啡。

  哥伦比亚咖啡中最好的咖啡又数哥伦比亚特级咖啡,这种咖啡醇度中等,酸度低、口味偏甜,有着最佳的风味和令人喜悦的芳香。哥伦比亚特级咖啡的

第三章 浓情蜜意，咖啡名媛 ◎

酸、苦、甜三种味道配合得恰到好处。独特的香味，喝下去后，香味充满整个口腔。把口腔里的香气再从鼻子里呼出来，气味非常充实。或许你会嫌它太霸道，因为它会以最快的速度占据你的味蕾、思维甚至灵魂。为什么要抗拒它呢？它既有苏门答腊曼特宁的浓厚滑润，又具备一种特殊的胡桃苦味和坚果味。这种咖啡适合中度或深度烘焙，冲泡后有隐约的甜味，气质温和，香气浓郁。

哥伦比亚特级这个名称不仅来自于这种咖啡的卓越品质，还来自于咖啡豆的"巨无霸"外形。比特级级别低而且个体小的哥伦比亚咖啡依次有：特优、优等和良好。哥伦比亚特级咖啡除了豆子比较大以外，其原料通常取自新收获的咖啡豆，最著名的产地在桑坦德的布拉曼加。哥伦比亚特级最具特点的就是它的香气，浓郁而厚实，带有明朗的优质酸性，高均衡度，就像女人隐约的娇媚，迷人且恰到好处，令人怀念。

埃塞俄比亚哈拉尔

埃塞俄比亚是非洲阿拉伯种植咖啡的主要生产国之一,出产全世界最好的阿拉伯种咖啡。据说,咖啡是由埃塞卡法地区的牧羊人最先发现的,咖啡的名字也由卡法演变而来,所以埃塞俄比亚当属咖啡的故乡!

咖啡是埃塞俄比亚最重要的出口经济作物,是本国外汇收入的主要来源。埃塞俄比亚的咖啡出口大约占世界市场份额的3%,是世界第八大咖啡出口国。

埃塞俄比亚的咖啡一年收获一次。3~4月美丽的白色咖啡花盛开枝头,之后果实开始生长;9~12月红色的咖啡果实成熟待摘;11~12月新一季的咖啡开始出口。咖啡豆的自然特征包括大小、形状、酸度、质感、口味和香气。埃塞俄比亚的咖啡豆小、香浓,有着葡萄酒一样的酸味,深受咖啡爱好者的喜爱。也正是因为如此,埃塞俄比亚的咖啡豆常被用于饮料、冰淇淋和糖果的生产及品种改良。

目前，约有25%的埃塞俄比亚人直接或间接依靠咖啡生产为生，使用传统种植方法的农民占多数。人工护理咖啡树，使用有机肥，不使用有害的杀虫剂和除草剂等。因此，埃塞俄比亚出产的咖啡大多为有机咖啡。

埃塞俄比亚人民嗜饮咖啡，2003年的国内消费占总产量的42.3%，人均消费3千克。但每年一大半的咖啡产量用于出口，赚取外汇。其咖啡的主要出口国包括：美国、意大利、英国、瑞典、挪威、希腊、法国、比利时、德国和澳大利亚等。

1974年以前，咖啡的生产、加工及贸易权都掌握在私人手中。在军人执政期间，私人农场被收归国有，小农咖啡生产商遭遇冷落。1991年，埃塞俄比亚过渡政府颁布了一项新的经济政策鼓励私人出口咖啡。结果，私人咖啡出口商的数量急剧增加。目前近90%的咖啡出口掌控在私人出口商手中。

在埃塞俄比亚，咖啡的分级和质量控制体系分为生产者、地区性检验和全国性检验三个层次。所有的咖啡在离开产地前都要经过当地检验机构的检验，

 恋上咖啡

然后在亚的斯和迪雷达瓦的咖啡检验和分级中心再次检验,确定其质量等级。咖啡在拍卖和销售之前进行分级,对所有参与生产、收购、出口及消费的群体来说都很重要。出口之前,咖啡还必须送到一个全国性的质量控制机构进行检验,确认产地、颜色等符合出口标准,以确保埃塞俄比亚咖啡的声誉。

目前,埃塞俄比亚的咖啡分级和质量控制体系主要有两项指标:目测和评估,考察项目包括咖啡豆的颜色、清洁度、产地、口味以及特征等。出口分级以简单的数字标明,最好的水洗咖啡为5级,最好的日晒咖啡为4级。分级之后,标上产地就可以出口。通常出口以信用证方式付款,这样既可以减少出口商的收汇风险,又可以给进口商以质量保证。

根据法律规定,所有咖啡都要通过亚的斯和迪雷达瓦举行的拍卖会交易。在咖啡收获季节,这样的拍卖会甚至每天进行两次。

埃塞俄比亚的地理环境非常适宜咖啡树生长,咖啡主要种植在海拔1 100~2 300米的南部高地上。主要的咖啡产地有哈拉尔(Harar)、溧木

(Limu)、吉马(Djimma)、西达摩(Sidamo)、卡法(Kaffa)、叶尔尕车法(Yergacheffe)和沃来尕(Wellega)等。这些地区的土壤呈红色,排水良好,微酸、疏松。

埃塞俄比亚咖啡中最著名的当属哈拉尔咖啡。哈拉尔位于埃塞俄比亚东部,是一座历史悠久的古城,也是伊斯兰教四大圣城之一。哈拉尔地区有最适合阿拉比卡咖啡豆生长的海拔高度,是埃塞俄比亚咖啡生产地最高的地区。

哈拉尔的黑山地区至今是世界上唯一有野生咖啡的地方,那里的野生咖啡每年都要拿到伦敦市场去拍卖。生产出优质咖啡的秘诀就是咖啡种植农户通过几代人对咖啡种植过程的反复学习,发展了适宜气候环境特点咖啡种植文化,这其中主要涵盖了使用自然肥料的耕作方式,摘选成色最红且完全成熟的果实以及在洁净环境下对果实进行加工处理。

埃塞俄比亚哈拉尔就像也门摩卡一样,也是"纯手工"生产的咖啡。哈拉尔通常可分为三种:长豆哈拉尔、短豆哈拉尔和单豆哈拉尔。其中,长豆哈拉尔最受欢迎,质量也最好,这种咖啡豆饱满,有浓郁的酒香,酸味明显,而且味道厚重浓郁。埃塞俄比亚咖啡具有狂野的气息和红酒发酵的浓郁味道。说它是世界上最好的咖啡并不为过,只不过缺少品牌且包装简陋而不为世人所知。

哈拉尔不仅是世界上最好的的日晒咖啡之一,被誉为"旷野的咖啡",而且更像是一个美丽的传说。在交通工具还不发达,特别是以马为主要交通工具的时代,优质纯种马便成了人们追求及向往的目标,而此时埃赛俄比亚哈拉尔所拥有世界上最好的阿拉伯血统的纯种马,故此他们最初将咖啡级别的划分是

"优质的咖啡就像纯种血统的马匹一样重要"。所以我们看到的哈拉尔咖啡生豆的包装袋上至今还印有马匹的图案,这个传统的包装一直保持到现在。

肯尼亚AA

肯尼亚是一个典型的非洲国家,位于非洲东部,赤道横贯中部,东非大裂谷纵贯南北。肯尼亚旅游资源丰富,美丽的乞力马扎罗山终年不化(乞力马扎罗山被称作"非洲的屋脊""非洲之王",是非洲大陆的最高峰,也是地球上唯一一座位于赤道线上的雪峰,远在200千米以外就可以看到它高悬于蓝色天幕上的雪冠,在赤道的骄阳下闪闪发光),占地62 000英亩(约合250平方千米)的莱瓦野生动物保护区栖息着黑犀牛、格雷维斑马独立种群等野生动物,人类远祖的头盖骨化石也是在这里被挖掘的。极具特色的非洲景观以及"人类摇篮"的美名,成就了肯尼亚这个美丽的国家。

不仅如此,肯尼亚AA级咖啡还是罕见的最好的咖啡之一,它以其浓郁的芳香和酸度均衡而闻名于世,受到

第三章 浓情蜜意，咖啡名媛 ◎

了世人的喜爱。它味道完美而平衡，并有着绝妙而强烈的风味，既清新又不霸道，轻啜一口，就觉得它同时冲击着你的整个舌头，是一种完整而不厚重的味觉体验。

肯尼亚咖啡可以分为AA＋＋、AA＋、AA和AB等多个等级。其中，肯尼亚AA是肯尼亚咖啡中最高级的咖啡，也是世界上最好的阿拉比卡咖啡豆。

咖啡传入肯尼亚的时间较晚，直到19世纪末，咖啡种子才由传教士带到这片土地上。

肯尼亚的咖啡树绝大部分都生长在首都内罗毕以北和以西的山区，主要产区有两个，一是从肯尼亚最高峰基里尼亚加峰的南坡一直向南延伸，直到首都内罗毕附近，这一地区紧靠赤道，是肯尼亚最大的咖啡产区；二是位于艾尔贡山脉东坡的一个比较小的产区。肯尼亚种植的是高品质的阿拉伯咖啡豆，咖啡豆几乎吸收了整个咖啡树的精华，有着微酸、浓稠的香味，还带有明亮、复杂、水果般的风味与葡萄柚香气，热饮或者冰饮皆宜。正是由于这个原因，欧洲人才对肯尼亚咖啡宠爱有加，尤其在英国，甚至超过了哥斯达黎加的咖啡，成为最受欢迎的咖啡。

肯尼亚的咖啡树一年可以开花两次——漫长雨季后的3月或4月、10月或11月。肯尼亚咖啡由小耕农种植，一直都是手工采摘，农民们只收获红色的成熟咖啡豆，每棵树每10天左右就要进行一轮新的采摘。

恋上咖啡

小耕农们收获咖啡后,先把鲜咖啡豆送到合作清洗站,由清洗站将洗过晒干的咖啡以"羊皮纸咖啡豆"(即外覆内果皮的咖啡豆)的状态送到合作社("羊皮纸咖啡豆"是咖啡豆去皮前的最后状态)。所有的咖啡都要收集在一起,种植者根据其实际的质量按平均价格要价。这种买卖方法总体上运行良好,对种植者及消费者都很公平。

肯尼亚政府对待咖啡产业是极其认真负责的,在这里,砍伐或毁坏咖啡树是要受到法律的惩罚的。肯尼亚咖啡的购买者均是世界级的优质咖啡购买商,没有任何国家能像肯尼亚这样可以连续地种植、生产和销售咖啡。所有的咖啡豆首先由肯尼亚咖啡委员会(Coffee Board of Kenya,简称CBK)收购,在此进行鉴定、评级,然后在每周的拍卖会上出售,拍卖时不再分等。肯尼亚咖啡委员会只起代理作用,收集咖啡样品,将样品分发给购买商,以便于他们判定价格和质量。内罗毕拍卖会是为私人出口商举行的,肯尼亚咖啡委员会付给种植者低于市场价的价格。

肯尼亚咖啡包含了我们想从一杯好的咖啡中得到的每一种感觉:它具有美妙绝伦、令人满意的芳香,均衡可口的酸度,匀称的颗粒和极佳的水果味,令人思念不已。

苏门答腊曼特宁

亚洲最著名的咖啡产地要数马来群岛的各个岛屿：苏门答腊岛、爪哇岛、加里曼岛。其中印度尼西亚的苏门答腊岛出产的曼特宁咖啡最享有盛名。曼特宁咖啡，别称"苏门答腊咖啡"。

曼特宁并非产区名、地名、港口名，也非咖啡品种的名，它的名字到底是如何由来的呢？其实，它是印尼曼代宁（mandheling）民族的音误。在第二次世界大战日本占领印尼期间，一名日本兵在一家咖啡馆喝到香醇无比的咖啡，于是他问店主咖啡的名字，老板误以为他是问自己是哪里人，于是回答：曼代宁。战后日本兵回忆起在印尼喝过的"曼特宁"，就托人从印尼客运了15吨咖啡到日本，竟然大受欢迎。曼特宁的名字就这样传了出来，那名咖啡客商就是现在大名鼎鼎的普旺尼咖啡公司（PWN）。

曼特宁咖啡被认为是世界上最醇厚的咖啡，在品尝曼特宁的时候，你能在舌尖感觉到明显的润滑，它同时又有较低的酸度，但是这种酸度也能明显地品

恋上咖啡

尝到，跳跃的微酸混合着最浓郁的香味，让你轻易就能体会到温和馥郁中的活泼因子。除此之外，这种咖啡还有一种淡淡的泥土的芳香，也有人将它形容为草本植物的芳香。一般的咖啡爱好者大都单品饮用，但它同时也是调配混合咖啡不可或缺的品种。

17世纪，荷兰人把阿拉比卡树苗引入到锡兰（即今天的斯里兰卡）和印度尼西亚。1877年，一次大规模的灾难袭击印尼诸岛，咖啡锈蚀病击垮了几乎全部的咖啡树，人们不得不放弃已经经营了多年的阿拉比卡，而从非洲引进了抗病能力强的罗布斯塔咖啡树。今天的印度尼西亚是个咖啡生产大国。咖啡的产地主要在爪哇、苏门答腊和苏拉威，罗伯斯特种类占总产量的90%。而苏门答腊曼特宁则是稀少的阿拉比卡种类。这些树被种植在海拔750~1 500米的山坡上，神秘而独特的苏门答腊，赋予了曼特宁咖啡浓郁的香气、丰厚的口感、强烈的味道。

苏门答腊曼特宁咖啡有两个著名的品名——苏门答腊曼特宁DP一等和典藏苏门答腊曼特宁。苏门答腊曼特宁DP一等余味长，有一种山野的芬芳，那是原始森林里特有的泥土味道。其实曼特宁的醇厚，是一种很阳刚的感觉。品质优良的一等曼特宁咖啡酸味很轻，就像花果的微酸。除了印尼咖啡特有的醇厚味道以外，还有一种苦中带甜的味道，深受喜欢喝深度烘焙咖啡的人士的喜爱。典藏苏门答腊曼特宁咖啡之所以称之为"典藏"，是因为它在出口前要在地窖中储藏三年。但典藏咖啡绝不是陈旧的咖啡，而是通过特殊处理的略微苍白的咖啡，这种咖啡更浓郁，酸度更低，但是醇度更高，余味也会更悠长，还会带上浓浓的香料味道，有时是辛酸味，有时是胡桃味，有时是巧克力味。

在蓝山咖啡还未被发现前，曼特宁曾被视为咖啡中的极品。非常有趣的一点是，虽然印度尼西亚出产世界上最醇美的咖啡，而印尼人却偏爱土耳其风格的咖啡。

第四章
街角咖啡店，好久不见

"你会不会忽然地出现，在街角的咖啡店，我会带着笑脸，挥手寒暄，和你，坐着聊聊天……"这首歌带着无比忧伤的旋律，一定触动过你的心弦。收起忧伤，我们一起来品味那些令人心驰神往的咖啡名品。如果你有兴趣，还可以试着亲自动手制作！

摩卡咖啡

— 原料 —

① 中焙、深焙咖啡（中研磨）⋯80毫升
② 巧克力酱⋯⋯⋯⋯⋯⋯⋯⋯20克
③ 鲜奶油⋯⋯⋯⋯⋯⋯⋯⋯⋯20克
④ 巧克力碎屑⋯⋯⋯⋯⋯⋯⋯适量

第四章 街角咖啡店，好久不见 ◎

■ **制作 Making**

① 将咖啡豆中深烘焙，中研磨，冲泡咖啡粉，用手提锅加热，注意不要加热至沸腾。
② 鲜奶打泡定型。
③ 用另一只手提锅加热巧克力酱，与咖啡一起倒入咖啡杯中混合。
④ 将鲜奶油置于咖啡上，用巧克力屑作点缀。

■ **注释 Annotation**

从前面章节的介绍中，我们已经得知，摩卡得名于有名的摩卡港。15世纪，东非的运输业非常不发达，然而这里却出产世界上最珍贵的咖啡豆，这些咖啡豆都汇集到也门的摩卡港，并运往欧洲。今天，摩卡港已经由于淤泥的堆积而退居内陆，而新兴的港口包括蒙巴萨、德班等，代替了摩卡港的地位，但是摩卡港时期摩卡咖啡的产地依然保留了下来，这些产地所产的咖啡豆；仍被称为摩卡咖啡豆。

随着意大利花式咖啡的诞生，人们尝试着向普通咖啡中加入巧克力来代替摩卡咖啡，这就是现在大家常常能够喝到的花式摩卡。意大利花式摩卡咖啡，是将1/3的意式浓缩咖啡与2/3的热牛奶混合，然后加入巧克力的成分。所以说摩卡咖啡融合了咖啡、巧克力和鲜奶三种风味，是奢华的味觉享受。

卡布奇诺

— 原料 —

① 意式浓缩咖啡(细研磨至极细研磨)…60毫升
② 牛奶……………………………………60毫升
③ 肉桂粉……………………………………适量

■ 制作 Making

①将咖啡豆深度烘焙，细研磨或极细研磨后，冲泡成意式浓缩咖啡。

②用意大利咖啡机的蒸汽管将牛奶打泡，或者用奶泡器给温好的牛奶打泡。

③将意式浓缩咖啡倒入咖啡杯中，再倒入奶泡，根据个人口味撒上适量的肉桂粉。

■ 注释 Annotation

稍苦的意式浓缩咖啡与柔润的牛奶相融合，造就了与众不同的口味。卡布奇诺咖啡其实就是意大利咖啡的一种变化，即在偏浓的咖啡上，倒入以蒸汽发泡的牛奶，此时咖啡的颜色就像卡布奇诺教会修士深褐色外衣上覆的头巾一样，卡布奇诺咖啡因此得名。

卡布奇诺分为干和湿两种。所谓干卡布奇诺是指奶泡较多，牛奶较少的调理法，喝起来咖啡味浓过奶香，适合重口味者饮用。至于湿卡布奇诺则指奶泡较少，牛奶量较多的做法，奶香盖过浓呛的咖啡味，适合口味清淡者。

拿铁咖啡

- 原料 -

① 意式浓缩咖啡……35毫升
② 牛奶……………200毫升
③ 糖浆……………25毫升

第四章 街角咖啡店，好久不见 ◎

■ 制作 Making

①将咖啡豆深度烘焙，细研磨或极细研磨后，冲泡成意式浓缩咖啡。

②温杯后，将萃取出的意式浓缩咖啡注入杯中，加入糖浆。

③取牛奶放入中型拉花钢杯中，打成奶泡。

④将牛奶加热至65~70℃，将奶泡中的牛奶缓缓倒入意式浓缩咖啡中。

■ 注释 Annotation

拿铁咖啡是牛奶咖啡的代表，拿铁在意大利语中的意思就是"牛奶"。拿铁咖啡在沉厚浓郁的意式浓缩咖啡中，加入了等比例甚至更多的牛奶，牛奶的温润，让原本甘苦的咖啡变得柔滑香甜、甘美浓郁，就连不习惯喝咖啡的人，也难敌拿铁芳美的滋味。

和卡布奇诺一样，拿铁因为含有较多的牛奶而适合在早晨饮用。意大利人也喜欢拿它来暖胃，搭配早餐用。很多人搞不清楚拿铁、欧蕾之间的关系，其实拿铁是意大利式的牛奶咖啡，以机器蒸汽的方式来蒸热牛奶。而欧蕾则是法式咖啡，他们用火将牛奶煮热，口感都是一派的温润滑美。

欧蕾咖啡

— 原料 —

① 深焙咖啡（中研磨）…20～40毫升
② 牛奶……………………100～120毫升

第四章 街角咖啡店，好久不见 ◎

■ **制作** Making

①用手提锅将牛奶加热，然后用滤纸滤去奶膜。
②咖啡豆深烘焙，中研磨，用87℃的温开水冲泡。
③在大咖啡杯中倒入开水，温一下咖啡杯。
④将开水倒掉，再倒入咖啡，加入温热的牛奶。

■ **注释** Annotation

　　欧蕾咖啡的法语是cafeaulait，意思是加入大量牛奶的咖啡，其滋味鲜滑，在咖啡的醇厚中，还飘散着芳美浓郁的牛奶香，因此成为女性的最爱。在法国，这种被加入大量牛奶的花式咖啡，是早餐的好伴侣，用它来搭配可颂面包，就是简单而满足的一餐。

　　浪漫的法国人常用比较大一些的杯子发酵满溢的愉悦情绪：将半杯深焙热咖啡和半杯热牛奶分别装在不同容器内，再同时注入一个像碗一样大的杯子里。最后，在咖啡表面装饰少许泡沫牛奶。当牛奶如海洋般泛滥杯中，愉悦的活力也像浪花漫延屋内。如何平衡咖啡与牛奶的口味，是能否制作出美味欧蕾咖啡的关键。

肉桂咖啡

— 原料 —

- ①深焙咖啡（中研磨）……………………100毫升
- ②砂糖……………………………………………2小勺
- ③鲜奶油、七彩米、肉桂粉…………………适量
- ④肉桂棒……………………………………………1根

第四章 街角咖啡店，好久不见 ◎

■ 制作 Making

① 将咖啡豆深度烘焙，研磨成咖啡粉，冲泡咖啡。用手提锅加热，注意不要加热至沸腾。
② 将鲜奶油打泡定型。
③ 往咖啡杯中加入砂糖，再置入鲜奶油。
④ 撒上七彩米和肉桂粉装饰即可。

■ 注释 Annotation

　　肉桂为樟科植物肉桂和大叶清化桂的干皮和枝皮。肉桂为常绿乔木，生于常绿阔叶林中，但多为栽培。我国福建、广东、广西、云南等地的热带及亚热带地区均有栽培，尤以广西栽培为多，大多为人工纯林。芳香的肉桂与咖啡是黄金组合。

维也纳咖啡

原料

① 中焙咖啡（中研磨）…100毫升
② 鲜奶油……………………适量
③ 七彩米……………………适量
④ 巧克力糖浆………………适量
⑤ 糖包………………………适量

■ 制作 Making

①将鲜奶油打泡定型。

②将咖啡豆中度烘焙,中度研磨成咖啡粉,冲泡咖啡。用手提锅加热,注意不要加热至沸腾。

③将冲调好的咖啡倒于杯中,约七分满,在咖啡上面以旋转方式加入鲜奶油。

④再淋上适量巧克力糖浆,最后洒上七彩米以点缀,附糖包上桌。

■ 注释 Annotation

喝咖啡在维也纳已成为生活的一部分,在一种悠闲的气氛中,人们只要付一杯咖啡的钱,就可以在咖啡馆会友、下棋、看书、写作、读报,或在一个不显眼的角落里看电视。维也纳咖啡是奥地利最著名的咖啡,以浓浓的鲜奶油和巧克力的甜美风味迷倒了全球喜爱咖啡的人。在雪白的鲜奶油上洒落五彩缤纷的七彩米,外表非常的漂亮,不仅如此,隔着甜甜的巧克力糖浆、冰凉的鲜奶油来喝滚烫的热咖啡,更是别有风味,这可以说是咖啡中的经典之一,也难怪维也纳人把咖啡和音乐、华尔兹相提并论,称为维也纳"三宝"。因此,说音乐之都的空气里不仅流动着音乐的韵律,而且弥漫着咖啡的清香,一点也不为过。

维也纳咖啡是慵懒的周末或是闲适的午后最好的伴侣,喝上一杯维也纳咖啡就是为自己创造了一个绝好的放松身心的机会。但是,由于含有太多糖份和脂肪,维也纳咖啡并不适合肥胖者饮用。

1 柠檬咖啡

— 原料 —

① 意式浓缩咖啡（极细研磨、细研磨）…60毫升
② 柠檬片（半圆状）……………………1~2片

■ 制作 Making

①将咖啡豆深度烘焙,细研磨或极细研磨,冲泡意式浓缩咖啡。

②萃取过程中,将柠檬切成圆状的薄片。

③将冲泡好的意式浓缩咖啡倒入小咖啡杯中,在杯边扣上柠檬片。饮用咖啡时,再将柠檬汁滴入咖啡中。

■ 注释 Annotation

柠檬咖啡是在咖啡特有香味的基础上,再加入水果的香味,非常爽口,而且咖啡的苦味也会被完全改变。这种咖啡深受意大利家庭喜爱,如果你喜欢,也不妨一试哦!

皇家咖啡

— 原料 —

① 中焙咖啡（中研磨）……100毫升
② 白兰地……20毫升
③ 方糖……1块

第四章 街角咖啡店，好久不见 ◎

■ **制作** Making

①将咖啡豆中度烘焙，中度研磨，冲泡咖啡，倒入咖啡杯中。

②将整块方糖放于特制的汤匙上，倒入少量白兰地，浸润方糖。

③点燃方糖，使方糖融化，酒气挥发少许，然后一并放入杯中搅拌即成。

■ **注释** Annotation

　　皇家咖啡是一种含酒精的咖啡，是法国皇帝拿破仑最喜欢的咖啡，故以"皇家"命名。皇家咖啡也称火焰咖啡，是经典的花式咖啡之一。白兰地燃烧产生的蓝色火焰与优雅芳醇的咖啡相配，极具渲染效果。在方糖上淋上白兰地，再点上一朵火苗，华丽幽雅，酒香四溢，确实有皇家风范。

黑咖啡

— 原料 —

① 深焙咖啡（粗研磨）…100毫升
② 碳酸饮料………………适量

第四章 街角咖啡店，好久不见 ◎

■ **制作** Making

①准备深焙咖啡豆，粗研磨。
②将研磨好的咖啡粉置入滤杯中，缓慢注入开水，滴滴萃取。
③将萃取好的咖啡倒入小咖啡杯中，在玻璃杯中倒入碳酸饮料。

■ **注释** Annotation

所谓黑咖啡，就是不加任何修饰的咖啡，它带来的是品味咖啡的原始感受，粗犷、深邃而又耐人寻味。

黑咖啡是非常健康的饮料，一杯100克的黑咖啡只有2.55千卡（约合10.6千焦）的热量。所以餐后喝杯黑咖啡，就能有效地分解脂肪。对于女性来说，黑咖啡还具有美容的作用，经常饮用，能使你容光焕发，光彩照人。

黑咖啡强调咖啡本身的香味。香味是咖啡的生命，也最能表现咖啡的生产过程和烘焙技术。生产地的气候、品种、精制处理、收成、储藏、消费国的烘焙技术是否适当等，都是决定咖啡豆香味的条件。苦是黑咖啡的基本味道，有强弱和质地的区别，生豆只含极微量的苦味成分，其后由烘焙造成的糖分、一部分的淀粉、纤维质的焦糖化及炭化，才产生出咖啡最具象征性的苦味。黑咖啡也有酸味，适当的热作用产生适度的酸味，可使咖啡的味道更佳，让人觉得更有深度。黑咖啡的甜味，与苦味呈表里一体关系，所以清爽的上等黑咖啡口味一定带有一些甜味。

爱尔兰咖啡

— 原料 —

① 深焙咖啡（中研磨）……100毫升
② 爱尔兰威士忌……………20毫升
③ 粗糖（白色）……………2小勺
④ 鲜奶油……………………适量

第四章 街角咖啡店，好久不见 ◎

■ 制作 Making

①准备好鲜奶油和粗糖。
②用微波炉等加热威士忌，将加热好的威士忌倒入杯中。
③将咖啡豆深度烘焙，中研磨，冲泡咖啡。用手提锅加热后倒入杯中。
④放入2小勺粗糖，并注入适量的鲜奶油。

■ 注释 Annotation

爱尔兰咖啡是一种含有酒精的咖啡，特殊的咖啡杯，特殊的煮法，认真而执着，古老而简朴，是威士忌与咖啡香气的完美融合，充分体现了爱尔兰人的智慧。

爱尔兰咖啡有个别名，叫"天使的眼泪"，寄语"思念此生无缘人"。在临别之际，为自己心爱的人调上一杯纯正的爱尔兰咖啡，是无声也是伤感的诉说。据说，爱尔兰咖啡的发明人是都柏林机场的酒保，这位酒保是为了一位美丽的空姐所调制的，但他们两人最终却因无缘而错过。我们在前面的章节中也已讲过。

彩虹豆咖啡

— 原料 —

① 黑咖啡……………100毫升
② 发泡鲜奶油…………适量
③ 彩虹豆………………适量

第四章 街角咖啡店，好久不见 ◎

■ **制作** Making

①将黑咖啡冲泡好。

②将鲜奶油打泡定型。

③将奶泡加入咖啡杯中，加至9成满即可。

④把彩虹豆撒在咖啡表面即可。

■ **注释** Annotation

这是一款看起来非常可爱的咖啡，做法也非常简单，快来尝试一下吧！

康宝蓝咖啡

- 原料 -

① 意式浓缩咖啡……………30毫升
② 发泡鲜奶油………………适量
③ 可可粉……………………少许

■ 制作 Making

①温杯后，将萃取出的浓缩咖啡注入杯中。
②将发泡鲜奶油挤在咖啡液表面。注意最好沿着杯壁，一圈一圈地挤入。
③奶油表面筛撒上可可粉装饰即可。

■ 注释 Annotation

　　康宝蓝咖啡的制作其实非常简单，只要在意式浓缩咖啡中，加入适量的鲜奶油就可以了。嫩白的鲜奶油轻轻飘浮在深沉的咖啡上，宛若一朵出污泥而不染的白莲花，令人不忍一口喝下。

冰咖啡

原料

① 深焙咖啡（中研磨）…100毫升
② 冰块……………………适量
③ 鲜奶油…………………适量
④ 牛奶……………………适量

■ 制作 Making

①将深焙咖啡豆中研磨成咖啡粉,并冲泡。

②在一个玻璃杯中用少量牛奶溶化1~2茶匙砂糖,加入5~6块冰块,再把准备好的咖啡倒入杯中,注意不要倒得太满。

③将鲜奶油缓慢放入一个高脚玻璃杯中。

④在鲜奶油杯中插入一柄小匙,顺着小匙的柄慢慢淋上咖啡。这样做是为了让奶油更好地漂浮在冰咖啡表面,而不会很快分散开来。

■ 注释 Annotation

冰咖啡是夏天必点的咖啡,制作要点是将热腾腾的浓缩咖啡瞬间冷却。

低温下,浓烈的咖啡和鲜润的奶油被冰水稀释,你品尝到的是凉爽、甘甜又清淡的咖啡味道,但是过几分钟,你就会突然发现回荡在口腔和脑海里的还有一股淡淡的香料的气味,轻轻吸一口气,是否闻到海风的咸味?

玛琪雅朵咖啡

① 意式浓缩咖啡………………60毫升
② 糖浆……………………………15毫升
③ 牛奶……………………………80毫升
④ 鲜奶油…………………………适量

■ 制作 Making

①将意式浓缩咖啡萃取好，待用，并在杯中加入糖浆。
②将牛奶加热打成奶泡，向杯中注入。
③向杯中注入奶泡，然后点缀上鲜奶油。

■ 注释 Annotation

"machiatto"在意大利文里是"印记、烙印"的意思，也象征着甜蜜的印记。在意大利，不加鲜奶油、牛奶，只加上两大勺绵密细软的奶泡就是一杯玛琪雅朵。

与康宝蓝咖啡不同，要想享受玛琪雅朵的美味，就要一口喝下。

贝里诗咖啡

— 原料 —

① 热浓缩咖啡……………130毫升
② 奶油酒………………………15毫升
③ 发泡鲜奶油…………………适量
④ 可可粉………………………适量
⑤ 巧克力棒……………………1根

■ 制作 Making

①向杯中注入热水，温杯后倒出。

②将热咖啡倒入杯中至6分满，加入奶油酒。

③将发泡鲜奶油挤在热咖啡表面上，撒上可可粉和巧克力棒即完成。

■ 注释 Annotation

贝里诗咖啡，是一款奶油味比较重的浓缩咖啡，适合喜欢甜味的朋友饮用。

彩虹咖啡

— 原料 —

① 牛奶……………………200毫升
② 浓缩咖啡…………………60毫升
③ 红糖浆……………………30毫升
④ 薄荷叶……………………30克
⑤ 发泡鲜奶油………………适量

第四章 街角咖啡店，好久不见 ◎

■ 制作 Making

①把红糖浆倒入杯中。
②在杯里注入牛奶，可以轻轻搅拌一下与红糖浆融合。
③将小勺斜放入杯内，慢慢地加入剩余的牛奶，使其顺着杯壁往下流。
④将发泡好的奶油用小勺放入杯中。
⑤把浓缩咖啡倒入小勺上，顺着杯壁流入杯中。
⑥在上面点缀上薄荷叶即可。

■ 注释 Annotation

这款彩虹咖啡不仅在外形上活泼可爱，而且也十分美味哦！

榛果香草咖啡

原料

① 榛果糖浆…………30毫升
② 香草糖浆…………30毫升
③ 牛奶………………200毫升
④ 浓缩咖啡…………40毫升

制作 Making

①将榛果糖浆、香草糖浆倒入温好的玻璃杯中。
②在玻璃杯中倒入牛奶。
③用咖啡机蒸汽管将牛奶加热打发至65℃左右。
④将打发好的牛奶慢慢地注入玻璃杯中,至六成满。
⑤延勺子慢慢地加入意式浓缩咖啡。
⑥用勺子慢慢刮出奶泡,放在咖啡杯中至九成满即可。

注释 Annotation

榛子营养丰富,含有人体所需的8种氨基酸,其含量远远高于核桃,另外各种微量元素如钙、磷、铁的含量也高于其他坚果,再加上香草的芳香,真是一款营养又美味的咖啡!

第五章

玩转花式咖啡

如今,花式咖啡已成为一种时尚,不仅美味,更是让人赏心悦目,体现了制作者的智慧。一杯之中,原野芳香,密林清幽,海浪波涛,各异的风情拉着你的思绪瞬间越过万水千山。

心心相印：执子之手，与子偕老

第五章　玩转花式咖啡 ◎

①选择好一个注入点，以画圆的方式注入牛奶。
②当咖啡表面出现牛奶白点的时候，摇晃拉花杯，拉出大奶泡。
③完成一个奶泡后，将拉花杯杯口向上收起。
④再次将牛奶注入咖啡杯中间，拉出奶泡后将拉花杯由后向前拉，将先前的奶泡向下压。
⑤继续以同样的方式拉出第三个奶泡。
⑥在三个奶泡的中间注入细细的线条贯穿。

❶ 心形：满满的全是爱

第五章 玩转花式咖啡 ◎

① 从拉花杯边缘的地方，注入牛奶。
② 当牛奶的流量慢慢加大，发现有一个白点的时候，拉花杯稍往前冲一冲，保持牛奶的均衡流量，不要变小。
③ 在倒牛奶的时候，将拉花杯左右轻微摇晃，牛奶注入的位置和流速不变。
④ 当奶泡的圆形完成得差不多时，将注入的流量稍微变小，向前冲注。
⑤ 在向前冲注的过程中，注入牛奶的流量慢慢收小，直至边缘。

1 漩涡：一往情深，难以自拔

①选择好一个注入点，以画圆的方式注入牛奶，与咖啡融合。
②在咖啡杯的边缘，推出漩涡状。注意拉花杯应摇晃注入。
③将拉花杯抬高，注入一个重心点。
④用拉心形奶泡的手法拉出一个心形，就可以了。

1 卡通猫：温柔可爱

第五章 玩转花式咖啡

① 选择好一个注入点,以画圆的方式注入牛奶,与咖啡融合。
② 注入一个大的奶泡,使中间散开,形成一个白色的圆面。
③ 用雕花棒描画出卡通猫的耳部轮廓。
④ 在圆形适当的位置上点上眼睛,再画上小鼻子。这样,超级可爱的卡通猫图案就完成啦!

雪人：追忆童年时光

第五章 玩转花式咖啡

①选择好一个注入点，以画圆的方式注入牛奶，与咖啡融合。注意牛奶的流量要稍小。
②牛奶注入咖啡杯至九成满后，用勺子在咖啡中间做两个圆形的奶泡，下圆比上圆稍大一些。
③用雕花棒的尖头蘸上咖啡液，在上圆的位置画上眼睛、鼻子和小嘴。
④用雕花棒蘸取咖啡液，在下圆上画上一排纽扣。即完成。

卡通熊：闲适心情

第五章 玩转花式咖啡 ◎

① 选择好一个注入点，以画圆的方式注入牛奶，与咖啡融合。
② 注入一个大的奶泡，使中间散开，形成一个白色的圆面；同样方法在大奶泡收起的位置注入一个小的奶泡。
③ 用汤匙在大奶泡圆面上点上两只耳朵。
④ 用雕花棒画出小熊的耳朵、鼻子和嘴巴。
⑤ 最后在进行修饰即可。

Love图案：爱的深情诉说

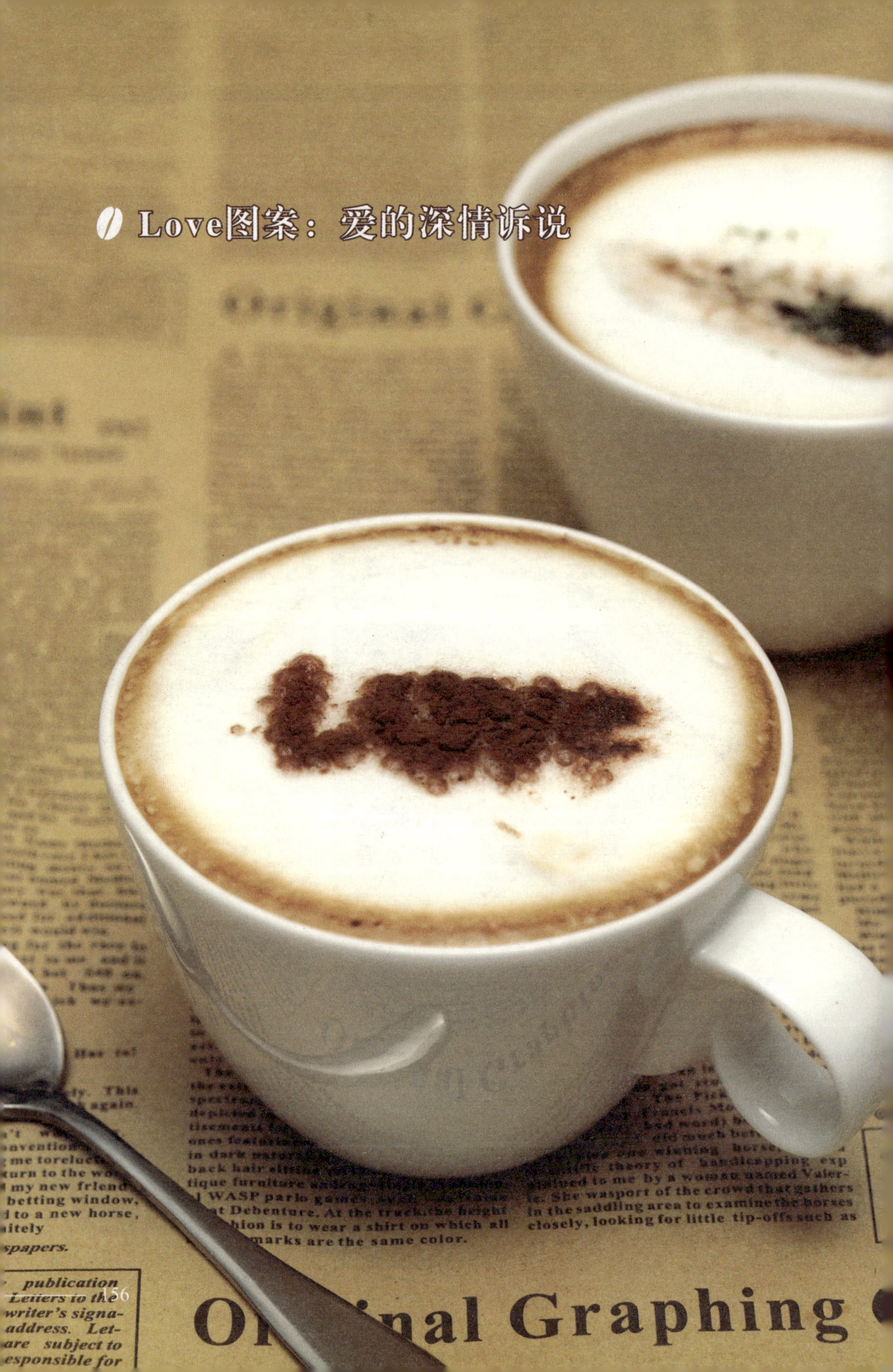

第五章 玩转花式咖啡

① 用勺子在咖啡的中心放入一层较厚的奶泡。
② 向咖啡的奶泡圈中注入牛奶,至咖啡杯九成满时停止。注意牛奶的流量稍小。
③ 当咖啡杯边缘出现一圈咖啡色油脂时,在咖啡杯上方放上"LOVE"的字母转印片。
④ 用筛子在转印片上方轻筛可可粉。注意筛粉成形后,小心地移开转印片,以免弄脏咖啡表面。这样一次爱的深情诉说就可以启程了!

树叶图案：记忆中的你

第五章 玩转花式咖啡

①用勺子在咖啡的中心放入一层较厚的奶泡。
②向咖啡的奶泡圈中注入牛奶,至咖啡杯九成满时停止。注意牛奶的流量稍小。
③用融化的巧克力酱做成一个树叶形状凉凉,上面撒上绿茶粉,这样一个完美的树叶模型就出来了。
④当咖啡杯边缘出现一圈咖啡色油脂时,在咖啡杯上方放上做好的树叶。
⑤这样一杯可爱形象的树叶咖啡就完成了!

旋律：轻舞飞扬

第五章 玩转花式咖啡 ◎

①选择好一个注入点,以画圆的方式注入牛奶,与咖啡融合,十成满时即停止。注意牛奶的流量要稍小。
②用巧克力酱在咖啡杯的水平位置画4条平行的直线。注意线条不要画得过粗,以免巧克力过重沉入杯底。
③用雕花棒在4条平行线上连续画"S"形。

❶ 情缘：最美的年华遇见你，相知相许

第五章 玩转花式咖啡 ◎

①选择好一个注入点,以画圆的方式注入牛奶,与咖啡融合。注意牛奶的流量要稍小。
②当咖啡与奶泡融合至七成满后,用勺子在中心放上一层较厚的奶泡。
③继续注入奶泡至十成满。
④在奶泡上用巧克力酱画两个圆圈,并用雕花棒修饰。

● 梦想：五彩斑斓，闪烁心中

①选择好一个注入点,以画圆的方式注入牛奶,与咖啡融合,十成满时即停止。注意牛奶的流量要稍小。

②用勺子在水平位置和垂直位置分别放上一层较厚的奶泡。

③用巧克力酱在白色奶泡上由里而外画圆圈。

④用雕花棒横切巧克力线,直至咖啡杯最边缘。注意要均匀,这样才更加好看。

怀念：失去也是一种获得

第五章 玩转花式咖啡 ◎

①选择好一个注入点,以画圆的方式注入牛奶,与咖啡融合。注意不要让其产生白色的奶泡。
②用勺子沿咖啡杯壁依次放入6个奶泡。
③用雕花棒依次画出几个漂亮的心形即可。

第六章
诱人的咖啡甜点

咖啡在用餐时的总原则与葡萄酒的佐餐讲究相类似,即口味浓厚的咖啡与口味浓重的饭菜相搭配;反之,口味清淡的咖啡与口味清淡的食品相搭配。而当咖啡普遍走入我们的家庭生活中时,一些简单美味的小甜点,能为生活增添不少乐趣,同时也满足自己味蕾的享受。

栗子泥

- 原料 -

栗子酱400克,奶油少许,朗姆酒20毫升,糖50克,可可粉或巧克力碎屑100克,杏仁50克,核桃150克,草莓1颗。

第六章 诱人的咖啡甜点 ◎

■ 制作 Making

①将栗子酱加入水、奶油、朗姆酒和糖，搅拌均匀，成泥状。

②将杏仁和核桃或其他你喜爱的干果也碾碎混合在一起。

③把栗子泥装入裱花袋中，挤在圆形的饼干上面并撒上可可粉或巧克力碎屑，有兴趣的话可以在上面加上一颗小草莓来点缀，这样一款很美味的小甜点就完成了。

■ 注释 Annotation

这是一款制作方法很简单同时也很美味的小甜点，你甚至都不用点火，就可以用它来招待朋友了。当然了，如果你喜欢，也可以用土豆泥、山药泥代替栗子泥。

杏仁小饼干

— 原料 —

鸡蛋4个,杏仁500克,糖200克,肉桂粉1汤匙,盐、奶油少许。

第六章　诱人的咖啡甜点 ◎

■ **制作** Making

①将烤箱调至180℃预热，取鸡蛋的蛋清，用打蛋器打成糊状。

②把杏仁压成碎末，放进打好的蛋清，然后再加入糖、肉桂粉和盐，搅拌均匀，成半固体状。

③将烤盘涂上一层奶油，用手或小汤匙将搅拌好的配料做成小球或任何你喜爱的形状，放在烤盘上，将烤盘放入烤箱。一般烤20分钟，不要过火，待颜色稍稍变深即可，这样做出来的杏仁小饼干颜色金黄，外酥内软。

■ **注释** Annotation

这种小饼干制作简单，易保存，既可以招待客人，也可以作为平时的咖啡甜点或零食。还可以依自己的口味加入磨碎的柠檬皮、巧克力酱或朗姆酒等其他配料。如果你出于健康角度的考虑，不想摄入太多的糖分，也可以用蜂蜜代替。

杏仁蛋糕

— 原料 —

面粉400克,鸡蛋3个,牛奶200毫升,黄油100克,磨碎的杏仁少许,发酵粉3茶匙,糖100克,盐少许。

第六章 诱人的咖啡甜点

■ **制作** Making

①将糖和黄油混合,再加入牛奶和鸡蛋,搅拌均匀。

②慢慢地将面粉分几次放入搅拌好的蛋汁中,然后加入盐和发酵粉,搅拌均匀。

③加入磨碎的杏仁,再一次混合均匀。

④把混合好的面糊分成小份,放入准备好的蛋糕模子中,放入烤箱以200℃烘烤大约10分钟即可。

■ **注释** Annotation

这是一种放在蛋糕纸模子中烤成的小蛋糕,每人一块,配合你喜欢的咖啡,是阳光明媚的午后招待朋友的最佳选择。如果你觉得糖的量太多,也可以用蜂蜜代替。

苹果派

— 原料 —

面粉200克，奶油60克，白砂糖60克，鸡蛋2个，苹果适量。

第六章　诱人的咖啡甜点 ◎

■ **制作** Making

①在钢盆中将奶油和白砂糖混合均匀，使用打蛋器将蛋清打发。
②将蛋清分次加入搅打，然后加入面粉拌匀制成浓稠的面糊，取出一部分备用，再把剩余的面糊加面粉做成面团。
③在圆形蛋糕模具中铺好油纸，把揉好的面团铺底压平。
④倒入面糊铺匀。
⑤把苹果清洗干净去皮，对切成两半，切薄片均匀地铺在面糊上。
⑥烤箱预热至205℃，放入模具烤约20分钟即可。

■ **注释** Annotation

这份苹果派不但形色俱佳，而且果香四溢，这种水果带来的香甜绝对非同凡响，更何况水果的种类也可以花样翻新，比如你可以根据个人喜好，用菠萝、杏或桃来代替苹果，做成菠萝派或者杏、桃派。

雪山蛋糕

原料

鸡蛋4个,面粉300克,糖100克,柠檬汁2茶匙,粗盐少许,香草棒少许,果丹皮适量。

第六章 诱人的咖啡甜点

■ **制作 Making**

①把面粉和糖筛得很细,加入水和粗盐,搅拌成均匀的面糊,注意要比较稀,不要太硬。

②加入鸡蛋清、柠檬汁和香草粉,注意不要把面团弄得太硬。

③把磨具放在烤盘上,把面糊直接倒进模型内(可以根据自己的口味,在面糊里面加入树莓果汁,这样味道更可口,颜色更诱人),放进烤箱,温度控制在200℃左右。

④烤好后把蛋糕反转过来,凉凉,用蓝莓、树莓装饰装盘,把糖霜撒在上面。

⑤将做好的蛋糕用一张果丹皮裹上,再做适当装饰即可。

■ **注释 Annotation**

这款蛋糕表面有一层晶莹剔透的白色糖霜,就像乞力马扎罗山上的白雪,如果配上一杯非洲原产的咖啡,一定带给你无限地遐想。

坚果蛋糕

— 原料 —

面粉300克,鸡蛋4个,牛奶300毫升,发酵粉2茶匙,磨碎的坚果仁150克,糖100克,黄油适量。

第六章 诱人的咖啡甜点 ◎

■ **制作** Making

①将蛋黄、面粉和发酵粉混合,将牛奶分几次倒入其中,搅拌均匀。
②将黄油融化并加糖。
③加入黄油,和成面糊。倒入模型内。
④把面糊平铺在蛋糕烤盘上,表面撒上坚果碎,放入烤箱,以200℃烤熟即可。

■ **注释** Annotation

制作这款蛋糕所用的坚果可自由选择,可以是杏仁、开心果、核桃、瓜子、花生,也可以是多种坚果的混合物。

杏仁塔糕

— 原料 —

面粉200克,鸡蛋6个,糖150克,奶油100克,磨碎的杏仁200克,磨碎的开心果或其他干果少许,盐少许。

第六章 诱人的咖啡甜点

■ **制作** Making

①将面粉、奶油、2个蛋黄和大约50克糖及盐和成一个面团,烤箱调到200℃预热。

②在圆形模子上涂上奶油,把擀成大约半厘米厚的圆形面团放入模具内,在烤箱内烤大约10分钟。

③将剩下的4个鸡蛋打碎,与杏仁和其他的干果碎粒混合,搅拌均匀后用汤匙舀到已经基本成型的面皮中。

④再次放入烤箱,烤大约10分钟,美味的杏仁塔就完成了。

■ **注释** Annotation

这是一款营养十分丰富的甜点,并且自己发挥的余地很大,你可以做成任何馅料的甜塔,可以放你喜欢的果粒,也可以放巧克力或碎饼干。

橙味核桃蛋糕

— 原料 —

面粉400克,鸡蛋6个,黄油100克,核桃仁300克,可可粉2茶匙,肉桂粉1茶匙,发酵粉适量,新鲜的橙子2个,糖适量,面包屑适量。

第六章 诱人的咖啡甜点

■ **制作** Making

①融化一小块黄油，加入糖、鸡蛋黄、可可粉、肉桂粉和磨碎的核桃。应该注意的是，每加入一样配料都要仔细搅拌均匀后，再加入下一样配料。

②将发酵粉、面粉和少许水倒入面糊中。

③撒上碎核桃，在面糊里加一些橙皮丝。

④把面糊搅拌均匀，将搅拌均匀的面糊放入固定的模型中。

⑤在蛋糕的表面放入完整的核桃仁。

⑥放入烤箱以200℃烤到金黄色，取出切块。再在上面挤上自己调制好的奶油，一道完美的蛋糕甜品就成功了。

■ **注释** Annotation

外面是甜橙味的浓汁，里面是松软的核桃蛋糕，这是此款蛋糕最吸引人的地方。吃不完的蛋糕可以放进冰箱，作为第二天的早餐，冷冻过的蛋糕表面会变成橙味的脆皮，别有风味。

花生奶油小面包

— 原料 —

面粉400克,鸡蛋8个,花生200克,牛奶150毫升,发酵粉30克,奶油200克,糖100克,盐少许。

第六章 诱人的咖啡甜点 ◎

■ **制作** Making

①将花生磨碎，和面粉混合一起放入一个较大的容器内，然后加入发酵粉和温牛奶一起搅拌均匀。

②将鸡蛋打匀，放入奶油、盐和糖，一起揉进面团。

③将烤盘涂上奶油。将面团分成小份，捏成任何你喜爱的形状，也可以加入自己喜欢的馅料，然后放在烤盘上，上面再淋一些蛋液，用保鲜膜盖好，放置大约2个小时，等待面团发酵膨胀。

④当面团大概膨胀得差不多的时候将烤箱预热到200℃。再打一个鸡蛋，把鸡蛋均匀地刷在面团上，放进烤箱烤15～20分钟，直到面团表面呈金黄色为止。上面点缀上自己喜欢吃的奶油、草莓和脆卷，这样口感会更好。

■ **注释** Annotation

　　这款小面包松软香甜，营养丰富，特别适合配以卡布奇诺咖啡或拿铁咖啡，一同在早餐时享用。

威尼斯黑蛋糕

— 原 料 —

鸡蛋3个,面粉250克,牛奶250毫升,奶油100克,糖250克,盐少许,香草粉1汤匙,巧克力400克,发酵粉1汤匙,奶油少许,树莓、糖霜适量。

第六章 诱人的咖啡甜点

■ 制作 Making

①将烤箱调至150℃预热,将奶油、蛋黄、100克左右的糖、盐和香草粉放入大碗中打成糊状。

②把巧克力融化制成巧克力酱,和奶油糊混合。

③将剩下的蛋清和糖打成糊,加入面粉和发酵粉搅拌均匀,最后加入准备好的奶油糊,搅拌成面糊。

④在磨具中,先铺一层面糊,再挤上一层巧克力酱,再铺一层面糊,再铺一层巧克力酱,放入烤箱烤大约20分钟。

⑤把烤好的蛋糕拿出来放凉,切成直径4厘米,厚2厘米的圆片,在将剩下的巧克力融化,淋在蛋糕表面,一层蛋糕一层融化的巧克力,上面点缀上树莓和巧克力碎,撒上糖霜即可。

■ 注释 Annotation

这款蛋糕巧克力风味十分浓郁,配上不加糖意式浓缩咖啡,是饭后最佳的甜点。

咖啡相关知识问答

什么是COE？

如同葡萄酒界严格的等级评定制度一样，咖啡也有自己的等级评定制度。Cup of Excellence，简称COE，就是一种精品咖啡评级制度。"栽培优质的精品咖啡，不等于会在低迷的咖啡市场中卖出好价钱！"倘若如此，咖啡生产国的生产欲望必然会受到影响。让生产者有动力种植高品质咖啡的理由，不仅是"我要种出美味的咖啡"这种自觉，还有高利润。

因此，精品咖啡品评会出现了，它采用"Cup of Excellence"制度，根据分数评价排名。此会每年一次，精品咖啡的栽培者可将自己最好的咖啡豆交由此会的国内或是国际审查员审查。经过三阶段严格的审核，被认为最高级的咖啡豆将被冠以COE的称号。

此评价制度于1999年巴西的咖啡生产团体开始采用，现在在危地马拉、巴西、哥斯达黎加及尼加拉瓜等地都广泛采

用,有普及化的倾向。

冠上COE称号的咖啡,可以在以精品咖啡为主的国际网络拍卖会上高价交易。这个制度不仅能提升咖啡庄园的生产欲望,亦能提升对咖啡庄园及其附近区域的评价与当地的知名度,进而增加咖啡交易量,具有多重效果。

咖啡的表面为什么有油脂?

咖啡放置时间太久的话,咖啡豆中的油脂在冲泡时就会不溶解而分离出来。以下两个原因造成"出油豆":不新鲜的浅焙豆,新鲜的深焙豆。

烘焙火候较浅、外观呈现浅棕色的"浅焙豆",在烘焙后外表干燥,并不会出油,约在出炉后6天左右开始出现"点状出油"现象(咖啡豆的某侧出现点状的油滴),轻微的"点状出油"并不代表不新鲜,有时反而是浅焙咖啡豆风味在最顶峰的状态。继续摆放下去,出炉超过两周以后,浅焙豆表面逐渐泛起一层亮亮的油光,此时"浅焙豆"的风味已开始走下坡,应该避免购买。

烘焙火候较深、外观呈现深棕色的"深焙豆",在烘焙后外表便呈现微微油光,约在出炉第二天至第五天表面开始大量"出油"。外表油亮亮的"深焙豆"不代表不新鲜,相反地,深焙豆在出炉三周后外表油光将逐渐干掉,最后变成外表干燥不油的走味深焙豆。因此,若看到外表干燥不油,但外观呈现深棕色的咖啡豆,请特别注意其是否标示烘焙日期,判断其是不是已经变质的走味豆。

由此可见,外表是否出油,只是判断咖啡豆新鲜度的一个参考,而非绝对。

恋上咖啡

如何判断咖啡豆的新鲜度？

首先，选购信誉良好且标示烘焙日期的新鲜烘焙咖啡豆方为上上之策。其次，优良的咖啡包装袋通常有"单向排气阀"（在咖啡袋上方的钮扣状小孔）设计，以供咖啡豆排出天然产生的二氧化碳。将单向排气阀对准鼻子，轻轻挤压咖啡豆袋，闻挤出来的气体味道，如果是迷人香浓的咖啡香气，则新鲜度尚无问题；反之，若闻起来不够香浓，带有臭油味道，则表示这包咖啡豆早已变质走味，应避免购买。

咖啡豆也有"公母"之分吗？

很多人都爱喝咖啡，一颗颗油亮亮的咖啡豆，蕴含着很多现代人的提神秘方。不过你一定有所不知，咖啡豆也有"公母"之分！

怎么分辨咖啡豆的"公"或"母"呢？其方法很简单，这跟咖啡豆的外形

有关。脱开果皮和果肉后的咖啡生豆，如果已经分成两半，就像剖开的桃子，这种就是母咖啡豆；相反，如果是圆滚滚一整颗，就是公咖啡豆。

据说，公咖啡豆的味道是比较好的，不过因为数量太少（平均100颗咖啡豆里也只有1颗咖啡豆是公的），在市面上就很难找到了，而且这种细微的差别如果不到产地现场直击或接触，真的很难发现。

关于国际咖啡节

国际咖啡组织是与联合国紧密合作的一个国与国之间的非盈利机构。它成立于1963年，总部设于伦敦，管理国际咖啡公约，并协调影响全球经济的国际合作。国际咖啡组织还有一个非常重要的宗旨，即促进全球咖啡消费。10月1

日是"咖啡节",根据国际协定,这一天标志着咖啡新年度的开始。

包装袋上的"strong"和"mild"分别是什么意思?

包装袋上标记有"strong type""mild type",这是用来表示咖啡的苦味与酸味。以烘焙程度为例,strong是指中深度以上烘焙,咖啡味道浓郁。深焙时,香气为smoke flavor,这些名称的标示感很强。mild是指中焙的咖啡豆,酸味柔和,风味浓郁,苦味弱。

包装袋上的洞有什么用?

购买烘焙后的咖啡豆,会发现包装袋上有一个小洞似的地方,这是为了抽出二氧化碳而设计的。刚刚完成烘焙的咖啡豆会产生大量的二氧化碳,这样做就可以防止包装袋膨胀破裂。再者,二氧化碳如果不能及时排出的话,会影响咖啡的风味。

品尝咖啡时的常用术语是什么?

品尝咖啡是一门专业性很强的学问,有很多术语,不胜枚举。我们在这里列举最简单和最常用的一些。

酸度(acidity)

酸度是咖啡里相当典型又令人期待的部分,是咖啡的必备特征,是舌下缘和后腭的感觉。酸度提供了强烈鲜明又活跃的质感特性,没有足够的酸性,咖啡就会趋于平淡。咖啡酸味的效果与红酒的口感类似,具有强烈而令人兴奋的质感,但是千万别和那种发酵的酸、令人不舒服的负面味道相混淆。

恋上咖啡

芳香（aroma）

芳香的感觉很难与口味分开。如果没有嗅觉，我们的基本味觉是：甜、酸、咸和苦。芳香嗅觉丰富了软腭对于口感的辨别种类。

强度、稠度（body）

强度是一种感受，一种咖啡在口中的感觉，它是舌头所能察觉到的黏度、轻重厚实或层次感的综合。我们所感受到的咖啡强度，是根据在冲煮过程中有无完整萃取以及溶解其油脂而定。原则上，印度尼西亚的咖啡比中南美洲的咖啡要有更厚实的"body"。如果你无法比较出不同咖啡之间稠度的差别，可尝试分别加上等量的奶制品，较有厚实口感的咖啡在用奶制品予以稀释以后，仍能维持较高比例的味道！

口味（taste）

口味是咖啡入口的总体感觉。酸度、芳香和强度都是口味的组成部分，是上述感觉平衡和混合产生的总体感觉。

（9）关于咖啡杯

说到咖啡杯，我们马上就会想到如今常用的带把手的咖啡杯。但是，最初的咖啡杯是不带把手的。在咖啡的发源地埃塞俄比亚举行的咖啡节上，所使用的咖啡杯就是不带把手的小咖啡杯。现在经常使用的咖啡杯历史不长，出现于18世纪前半叶。当带把手的咖啡杯出现以后，它的放置方法大体来说有两种，即：杯子把手在右边是美式，杯子把手在左边则是英式。

一杯好咖啡，除了精心的烘焙和良好的冲煮技巧以外，咖啡杯也扮演着重要的角色。咖啡杯是专门用于喝咖啡的杯子，具有杯口窄、材质厚，且透光性低等特性。最基本的一点，咖啡杯是绝对不能和咖啡起化学反应的，所以活性金属材质的杯子绝对不能做咖啡杯。咖啡杯的材质有很多种，市面上常见的有瓷器、陶器、不锈钢等。其中，以瓷杯最能诠释咖啡的细致香醇，尤其是用高级瓷土、混合动物骨粉烧制而成的骨瓷咖啡杯，质地轻盈、色泽柔和，密度高，保温性好，可以使咖啡温度在杯中更慢地降低，是最能表现出咖啡风味的绝妙选择。

另外，使用骨瓷咖啡杯还可以用于温杯，以完整保存咖啡的所有风味。最简单的方式是直接加入热水，或放入烘碗机预先温热。虽然只是一个简单的步骤，却是保存咖啡香醇不可或缺的关键。这是因为刚出炉的沸腾咖啡，一旦倒入冰凉的杯里，温度骤然降低，香味也会大打折扣。

咖啡杯的尺寸，一般可分为三种：

①小型咖啡杯（60～80毫升）：适合用来品尝纯正的优质咖啡，或者浓烈的单品咖啡。

②正规咖啡杯（120～140毫升）：常见的咖啡杯，一般喝咖啡时多选择这样的杯子，有足够的空间，可以自行调配，添加奶泡和糖。

③马克杯或法式欧蕾专用牛奶咖啡杯（300毫升以上）：适合加了大量牛奶的咖啡，像美式摩卡多用马克

杯,才足以包容它香甜多样的口感。

在选购咖啡杯时,我们可根据咖啡的种类和喝法,再配合个人的喜好及饮用场合等条件来选择。一般而言,陶器杯子较适合深焙且口味浓郁的咖啡,瓷器杯子则适口感较清淡的咖啡。在个人喜好上,除了就杯子的外观来看之外,还要拿起来看看是否顺手,如此使用时才会感到方便和舒服。杯子的重量,以挑选质量轻的为宜,因为较轻的杯子,质地较密致,质地密致表示杯子的原料颗粒细微,所制成的杯面紧密而毛孔细小,不易使咖啡垢附着于杯面上。

至于咖啡杯的清洗,由于质地优良的咖啡杯,杯面紧密、毛孔细小,不易附着咖啡垢,所以饮用完咖啡后,只要立即以清水冲洗,即能保持杯子的清洁。经长期使用的咖啡杯,或是用完后未能马上冲洗,使咖啡垢附着于杯子表面,此时可将杯子放入柠檬汁中浸泡,以去除咖啡垢。如果这时还不能将咖啡垢彻底清除,则可使用中性洗碗剂,蘸在海绵上,轻轻地擦拭清洗,最后再用清水冲净即可。在咖啡杯的清洗过程中,严禁使用硬质的刷子刷洗,也要避免使用强酸、强碱的清洁剂,以避免咖啡杯的表面刮伤受损。

咖啡常见的口味特征

一般的口感特征

丰富——指口感和丰富程度。

混合性——指多种口感。

平衡——所有基本感觉特征都令人满意,没有哪种感觉掩盖了其他感觉。

常见的令人喜欢的特质

明亮、干燥、锋利、滑润——中美洲咖啡常见。

糖饴味——像糖或者糖浆。

巧克力味——类似不加糖的巧克力或香草的回味。

精致——舌尖的细微口味(水洗新几内亚产阿拉比卡豆)。

土味——泥土的芳香特质(苏门答腊咖啡)。

芳香——介于芬芳和刺激之间的芳香特质。

果味——类似樱桃或者橙子的芳香特质。

圆滑——口感顺滑,一般无酸味。

栗子味——类似炒栗子的味道。

辛辣——类似辣椒的口味或者芳香。

甜味——无刺激感。

酒味——类似充分酿熟了的葡萄酒的回味（常见于肯尼亚咖啡和也门咖啡）。

常见的令人不喜欢的特质

苦——产生于舌根的味道，多数由于烘焙过度所致。

淡——气味过于平淡。

炭味——焦炭味太浓。

死寂——无酸味，缺乏芳香和回味。

脏——颗粒多，令人反胃。

平庸——无酸味，缺乏芳香和回味。

草味——类似刚割下来的青草的气味。

糙——刺激、粗糙的特质。

泥味——厚腻。

混浊——淀粉似的，类似煮过面糊的水。

粗——舌头上类似吃盐的感觉。

橡胶味——类似焦橡胶的气味（一般仅见于干燥处理的阿拉比卡豆）。

软——气味过于平淡。

酸味——类似生水果的酸涩味。

薄——无酸性，大致因为酿制不足所致。

松节油味——松节油的气味。

水浸味——入口无整体感，或缺乏黏稠性。

粗野——冲劲十足的特质。